高光谱遥感在农林渔业领域的理论与实践

张东辉　赵英俊　著

U0252129

中国环境出版集团·北京

图书在版编目（CIP）数据

高光谱遥感在农林渔业领域的理论与实践/张东辉，
赵英俊著. —北京：中国环境出版集团，2021.6
ISBN 978-7-5111-4621-2

Ⅰ．①高…　Ⅱ．①张…②赵…　Ⅲ．①遥感图像—
图像处理—应用—农业生产—研究　Ⅳ．①S127

中国版本图书馆 CIP 数据核字（2021）第 018211 号

出 版 人	武德凯
责任编辑	孙　莉
责任校对	任　丽
封面设计	宋　瑞

出版发行	**中国环境出版集团**
	（100062　北京市东城区广渠门内大街 16 号）
	网　　　址：http://www.cesp.com.cn
	电子邮箱：bjgl@cesp.com.cn
	联系电话：010-67112765（编辑管理部）
	发行热线：010-67125803，010-67113405（传真）
印　　刷	北京中科印刷有限公司
经　　销	各地新华书店
版　　次	2021 年 6 月第 1 版
印　　次	2021 年 6 月第 1 次印刷
开　　本	787×960　1/16
印　　张	10.5
字　　数	160 千字
定　　价	52.00 元

内容简介

　　高光谱遥感技术是遥感科学的前沿技术之一，尤其是其定量化的特点，在诸多领域取得了显著的应用效果。随着传感器成本的下降，正展现出其在农业、林业、渔业、环境、生态、城市规划等领域的巨大应用潜力。未来，高光谱遥感在医学、芯片、生物科学、智慧城市、自动驾驶等领域，都能在一定程度上发挥作用。本书重点介绍了高光谱遥感技术在农林渔业的相关理论和实现方法，同时系统地阐释高光谱定量计算的思路，掌握数据获取、处理、软件操作和结果分析等方法。

　　本书可以作为高等院校农林渔相关专业的教材，同时也可作为遥感技术与应用相关专业研究人员的参考用书。

　　本书提供了试验数据，下载请微信扫描二维码。作者的知乎账号为：遥感张东辉，欢迎在线交流。另外，本书配套视频教程，联系人微信号：LYM523111。

数据下载码（微信扫描）

作者知乎码（微信扫描）

序

高光谱遥感和雷达遥感，是遥感科学前沿技术。高光谱遥感能够拓宽人类对自然世界的观察能力，成为一项科学界重要的基础技术。自从1983年美国 AIS-1 成像光谱仪问世以来，世界各国都发展了自己的高光谱传感器。

机载和卫星高光谱传感器方面，国外代表性的有加拿大CASI/SASI、澳大利亚 HYMAP、挪威 ASIVNIR/SWIR。我国代表性机载的传感器有 OMIS，星载的传感器有 SPARK-01/02、高分五号、资源一号 02D、欧比特系列等。随着仪器的小型化，基于无人机平台的高光谱传感器也大量涌现，美国 Headwall、芬兰 SPECIM、挪威 HySpex，以及国内四川双利合谱 GaiaSky、中科谱光 HyScan、智科远达ZK-VNIR-FPG480 等产品，都达到了实用化水平，使得高光谱遥感技术在各行各业中得到深入应用。

高光谱遥感技术能够在少量地面试验数据基础上，计算面状地学信息，实现有关参量的定量化。为了达到这一目标，需要掌握一系列技术，包括光谱信息提取技术、数据获取技术、数学建模技术、光谱匹配技术、图像分类技术、辐射和大气校正技术、指数信息提取技术、特征波段筛选技术以及光谱库建设技术等。

为了进一步推广高光谱遥感技术，尤其是这一技术在交叉学科的应用方法，编著了这本书。以农、林、渔业的现实需求为依据，将相关技术进行了介绍。作者所在单位是 2002 年，我国从加拿大引进的第一套机载高光谱设备，经过近 20 年的发展，在数十个项目支持下，建立了一个数据获取、处理、分析和应用的专业研究队伍。赵英俊同志曾担任遥感信息与图像分析国家级重点实验室主任一职近十年，为高光谱遥感技术应用做出了重要贡献。张东辉同志是他的优秀学生，相信该研究团队对高光谱遥感这一技术，有独到的理解和相当的深度。

本书可以使读者较系统掌握高光谱遥感数据的基本处理方法、高光谱信息提取精度评估方法、高光谱与理化数据建模方法、农林渔业光谱库建设的需求情况等知识，可以作为高等院校农林渔相关专业的教材，同时也可作为遥感技术与应用相关专业研究人员的参考用书。通过本书的出版，能够推动高光谱遥感技术在农林渔业的推广应用，为我国经济社会发展做出贡献。

这一领域正处于探索期，书中的理论和方法必然存在不足，最新的成果未完全融汇进来，望读者不吝赐教。

程冠华

2021 年 6 月 12 日

　　高光谱遥感技术是遥感科学的重要前沿技术之一，尤其是其定量化的特点，使其在军事和地矿领域取得了显著的应用效果。随着传感器成本的下降，高光谱遥感技术已经展现出其在农业、林业、渔业、环境、生态、城市规划等领域的巨大应用潜力。未来，高光谱遥感技术在医学、芯片、生物科学、智慧城市、自动驾驶等领域都能在一定程度上发挥作用。本书重点介绍了高光谱遥感技术在农林渔业领域的相关理论和技术方法，同时系统地阐释了高光谱定量反演的思路，数据获取、分析、处理、软件操作和结果分析等方法。

目录

第 1 章　高光谱遥感概述　/ 1

1.1　高光谱遥感的发展历程　/ 1

1.2　高光谱遥感数据的表现形式及作用　/ 4

1.3　高光谱技术在农林渔业的研究体系　/ 5

1.4　高光谱遥感在农林渔业信息提取的关键技术　/ 7

1.5　高光谱遥感在农林渔业的应用案例　/ 8

第 2 章　高光谱遥感数据的基本处理方法　/ 11

2.1　基本 ENVI 光谱操作介绍　/ 11

2.2　提取并显示光谱数据　/ 14

第 3 章　高光谱遥感数据获取技术　/ 18

3.1　光谱数据库功能设计　/ 18

3.2　机载高光谱遥感数据获取方案设计　/ 21

3.3　信息提取精度评估的实现方法　/ 32

3.4　地物的理化数据获取方法　/ 34

第4章 高光谱与理化数据建模方法 / 39

4.1 Unscrambler 光谱建模软件简介 / 39

4.2 高光谱与理化数据建模方法综述 / 41

第5章 树种高光谱鉴别与分类信息提取 / 44

5.1 树种高光谱鉴别 / 44

5.2 高光谱遥感影像分类 / 48

第6章 渔业水环境高光谱信息提取 / 55

6.1 水体遥感与信息提取原理 / 55

6.2 数据采集情况 / 62

6.3 地面实测光谱数据处理 / 64

6.4 航空成像光谱数据预处理 / 70

6.5 6种高光谱遥感数据提取水体信息试验 / 80

6.6 精度评价与讨论 / 92

第7章 土壤成分含量高光谱建模方法 / 97

7.1 研究目的和意义 / 97

7.2 基于机理的土壤成分特征波段 / 99

7.3 基于波段标准差的土壤成分特征波段 / 104

7.4 基于信息熵的土壤成分特征波段 / 107

7.5 数据与方法 / 110

7.6 建立建模特征波段 / 111

7.7 偏最小二乘回归模型的建立与实现 / 113

7.8 预测结果精度分析 / 120

7.9 数字制图的方法 / 121

第 8 章　农林渔业光谱库的建设　/ 124

8.1　开发背景与需求分析　/ 124

8.2　系统设计　/ 125

8.3　数据库设计　/ 127

8.4　光谱数据管理　/ 133

8.5　农林渔业光谱数据综合应用　/ 147

参考文献　/ 150

第1章

高光谱遥感概述

本章主要介绍高光谱遥感（Hyperspectral Remote Sensing）的发展历程，在了解传感器发展的基础上，对高光谱遥感数据的表现形式和作用进行了分析，同时针对农林渔业领域的行业特点，设计高光谱技术的应用体系和信息提取关键技术，最后列举几个典型的应用案例并分析了高光谱遥感技术潜在的应用价值。

1.1 高光谱遥感的发展历程

高光谱遥感又叫成像光谱遥感，是成像技术和光谱技术相结合的多维信息获取技术（Goetz，1985）。高光谱遥感数据中包含了丰富的空间、辐射和光谱三重信息，具有重要的综合应用价值。近年来，随着成像光谱技术在航空遥感领域的快速发展，这项技术成为各个领域的重要监测方法，涵盖土壤研究、海洋研究、植被生态、矿产地质、水体研究、军事侦察和考古研究等领域，其应用正在步入成熟期。

根据波段数划分情况，一般将光谱分辨率在 $\lambda/10$ 数量级范围的传感器称为多光谱（Multispectral）传感器，常见的有 Landsat MSS、TM、SPOT 等；将光谱分辨率在 $\lambda/100$ 数量级范围的传感器称为高光谱（Hyperspectral）传感器，常见的有 CASI、HyMap、OMIS 等；随着电子元器件和遥感需求的进一步提高，传感器光谱分辨率达到 $\lambda/1\,000$ 时，称为超高光谱（Ultraspectral）传感器。

1983 年由美国喷气推进实验室（JPL）提出并研制的 AIS-1 成像光谱仪，拉开了高光谱技术的序幕。随后，加拿大、德国、法国、中国、澳大利亚、挪威等国家也纷纷研制并推出一系列高光谱传感器（表 1-1）。由表 1-1 可知，大部分成像光谱仪的成像范围介于 0.4～2.5 μm，这一设计与电磁波辐射传输过程中的大气窗口范围以及地物光谱应用需求紧密相关。

表 1-1　典型的成像光谱仪技术参数

传感器名称	产地	启用时间	光谱成像范围/μm	光谱分辨率/nm	空间分辨率/（H=2 km）	通道数/个	幅宽（H=2 km）
AIS-1	美国 JPL	1983	1.2～2.4	9.3	3.8 m	128	125 m
AIS-2	美国 JPL	1986	0.8～2.4	10.6	4.1 m	128	260 m
CASI/SASI	加拿大 ITRES	1988	0.38～2.45	VNIR：5 SWIR：6.25	1 m	133	1.5 km
AVIRIS	美国 NASA	1989	0.4～2.5	10	20 m	224	11 km
Trwis-3	美国 TRW	1990	0.4～2.5	VNIR：5 SWIR：6.25	1.8 m	384	0.46 km
ROSIS	德国	1991	0.43～0.85	4	2.5 m	256	1 km
IMS	法国	1991	0.115～3.0	VNIR：12.5 SWIR：25.0	—	64	—
OMIS	中国科学院上海技术物理研究所	1991	0.46～12.5	VNIR：10 SWIR：40	6 m	128	3 km
ASAS	美国	1992	0.4～1.06	11.5	—	62	—
PHI	中国科学院上海技术物理研究所	1996	0.4～0.85	5	2 m	244	1 km
HyMap	澳大利亚 HyVista	1997	0.45～2.5	VNIR：15 SWIR：15	4.5 m	128	3.46 km
GER DAIS	美国 GER	1998	0.4～2.5	12	10 m	211	4 km
WPHI	中国科学院长春光学精密机械与物理研究所	2000	0.4～2.5	VNIR：5 SWIR：6.25	4 m	—	4 km
ASIVNIR/SWIR	挪威 NEOA	2003	0.4～2.5	5	1 m	160	400 m
AHI	美国 Hawaii	2004	7～11.5	18	—	256	—
GF-5	上海航天技术研究院	2018	0.4～2.5	VNIR：5 SWIR：10	30 m	330	60 km

此外，在开展卫星或机载高光谱遥感数据获取工作时，同步采集野外和室内高光谱遥感数据（统称"地面数据"）也是一项重要的工作。地面数据的用处有两个：一是通过地面光谱反射率，计算其与卫星或机载高光谱影像上的辐射光谱之间的线性关系，实现反射率标定；二是将地物采集回室内，通过室内光源下的高光谱遥感数据测定，为特征吸收或反射波段查找提供数据支持。

地物地面光谱测量通常在暗室进行，以单个或多个卤素灯为光源。常用的仪器有 ASD FieldSpec3、ASD pro FR、FTIR、Headwall Photonics HS-VNIR、Perkin Elmer Lambda 900、VIS-NIR 等（表 1-2），根据所研究地物的特征峰位置，选择合适的波长范围、波段数和光谱分辨率。

表 1-2　常用的土壤地面光谱获取传感器参数

序号	传感器名称	波长范围/nm	波段数/个	光谱分辨率/nm
1	ASD FieldSpec 3	350～1 050、1 000～2 500	2 150	1.4、2
2	ASD pro FR	350～1 050、1 000～2 500	2 150	1.4、2
3	FTIR	2 500～2 5000	9 000	2.5
4	Headwall Photonics HS-VNIR	400～1 000	753	0.8
5	Perkin Elmer Lambda 900	320～2 480	1 081	2
6	VIS-NIR	920～1 718	128	6.3
7	Spectralevolution Unispec-SC	310～1 130	82	10
8	MATRIX-I	781～2 779	800	2.5
9	SVC-GER 1500	300～1 100	250	3.2
10	Cary 5000	350～2 500	2 150	1
11	Fiber Optic Center FTS 175	500～2 500	400	5
12	Nicolet 380	500～2 500	400	5
13	SVC HR-768	350～2 500	1 024	可调节

1.2 高光谱遥感数据的表现形式及作用

　　高光谱遥感数据可表现为图像空间、光谱空间和特征空间三种形式（图 1-1）。在图像空间，高光谱遥感数据能够实现图像分类，从地理空间角度实现信息提取；在光谱空间，高光谱遥感数据通过建立特征光谱与农林渔业化验数据的对比模型，从定量角度实现含量的估算；在特征空间，高光谱遥感数据将光谱信息采用合理的算子变换后，实现深层次理解数据的需求。

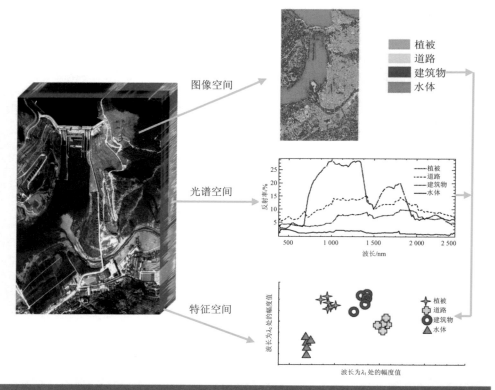

图 1-1　高光谱遥感数据的表示形式

注：示例数据获取于 2011 年，传感器为 CASI-1500 和 SASI-600。图像空间包含了波谱曲线和空间位置的关系，光谱空间则提供了波谱曲线和物质类型的关系，特征空间将像素点表示为 n 维空间的一个点。

因此，将高光谱遥感引入农林渔业的信息提取领域能够使其发挥以下技术优势：

（1）传统的农林渔业成分检测方法过程烦琐、费时费力，无法做到无损分析，而高光谱遥感能够做到实时、非接触、快速、无损检测。光谱数据蕴含着近似连续的地物光谱信息，通过光谱重建，高光谱影像能够与地面或水下实测值匹配，从而将精细的成分光谱模型应用到信息提取中。

（2）高光谱遥感能够探测具有诊断性的光谱吸收物质，在多种算法支持下，不仅能为地表或水体类型区分、土壤品质评价、水质综合评价等工作提供精确的数据支持，使得定量或半定量信息提取成为可能，而且在大量试验的基础上，能够为相关硬件仪器的研发提供理论依据。

（3）高光谱遥感可以多时相地获取数据，通过计算多种元素含量，间接评估土壤或水体质量。在高光谱影像中，结合土壤纹理、表面粒度、风化程度、作物密度、水体富营养化等辅助信息，能计算出多种土壤或水体及其上覆作物的状态参量，提高遥感高定量分析的精度和可靠性。

1.3　高光谱技术在农林渔业的研究体系

结合高光谱遥感数据的实际情况，设计了一套适用于农林渔业领域的综合理论和实践体系（图 1-2），该体系具有以下特点。

（1）该体系掌握了高光谱遥感数据的基本处理方法，包括基本的 ENVI 波谱操作，例如加载高光谱数据、显示光谱数据和链接显示光谱数据。其对指定坐标的光谱数据能进行提取和采集，动画显示数据和绘制高光谱遥感数据立方体等内容，这些都对后续的数值计算具有重要作用。

（2）按照光谱库功能设计、机载高光谱遥感数据获取方案的设计、高光谱信息提取精度评估实现方法和地物的理化数据获取方法，该体系分析了高光谱遥感数据的获取技术。高质量的原数据是定量遥感数据的前提保证。

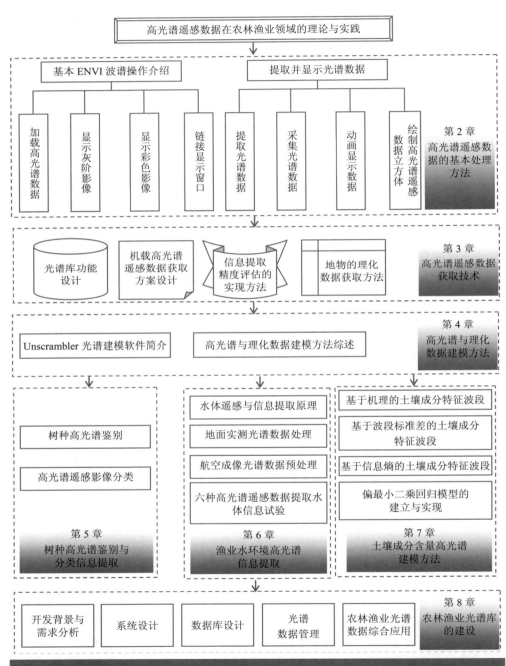

图 1-2　高光谱技术在农林渔业的研究体系

（3）该体系介绍了一种专门用于光谱数据建模的软件，以及 8 种常见的高光谱与理化数据建模方法。

（4）分别叙述了高光谱遥感在林业、渔业和农业领域的信息提取方法。

该体系中林业选取树种高光谱鉴别和分类信息提取的实际案例，学习了基于光谱匹配理论的高光谱鉴别方法，以及多种地物的监督和非监督分类方法。

渔业以水环境综合信息提取为例，介绍了水体遥感与信息提取的原理，以及地面和航空高光谱遥感数据的处理方法，最后对比分析了 6 种高光谱遥感水体信息提取的方法。

该体系中农业选取农田土壤成分含量的高光谱建模案例，分别讨论了基于机理的、波段标准差和信息熵的特征波段选取方法，以经典的偏最小二乘回归模型为反演方法，学习了波段组合运算的数字制图方法。

（5）针对农业、林业和渔业的光谱数据管理需求，该体系分别设计了土壤、植被和水体光谱数据库系统，给出了系统的设计方案和数据设计方案，结合 3 个领域的成功模型，分别建立了土壤、植被和水体的综合分析模块，实现了光谱数据的高效利用。

1.4　高光谱遥感在农林渔业信息提取的关键技术

将高光谱技术引入农林渔业领域中进行相关因子的提取，需要解决的关键技术有以下两个方面。

1.4.1　地物光谱与成分含量作用机理的研究

该研究需要根据农林渔业不同研究对象的成分物质跃迁能级差不同来研究物质吸收波谱曲线，并得出物质的各组成成分。现实研究中，由于地物的理化性质、上覆状况和环境扰动千差万别，光谱特征和成分含量的对应关系难以准确建立。因此，需要在大量可靠光谱数据积累的基础上，通过统计学习方法，逐步发现光谱特征和成分含量的对应关系，并在对实测结果进行综合分析的基础上，解释对应关系的作用原理。

1.4.2　高光谱遥感数据反演地物成分含量精确度的提升技术

高光谱影像波段划分为纳米级，波段数常常高达上百个，相邻波段之间具有很强的相关性。针对数据冗余的问题，研究人员需要在进行数据最大限度保留信号和压缩噪声的前提下进行科学降维，简化和优化图像特征。针对机载高光谱遥感影像的数据特点，对于有限训练的样本，研究人员需要建立一套以像元为基本单位开展地物信息的综合提取的技术。实际应用中受地物光谱的变异性、背景干扰、模型假设差异和处于亚像元等影响，目前的提取精度可靠性不够，需要探索一种更加稳定可靠的新方法。

1.5　高光谱遥感在农林渔业的应用案例

根据近年来农林渔业领域的研究进展，高光谱遥感数据能够在树种分类、病虫害监测、作物长势监测、森林生物量估算、水质评价等方面发挥明显优势，其是传统手段的有力补充，大大提高了相关领域的信息提取速度，成为一项极具潜力的新型技术。

研究人员利用固定翼无人机在青岛崂山林区进行大面积林区病虫害调查研究，通过对松树高光谱遥感数据进行特征谱段选择与建模，基于对样本光谱特征分析，建立了松材线虫病害松树的高光谱遥感检测模型。从而实现对所有的高光谱遥感影像进行全局计算，完成对松材线虫病害树木的检测研究（图1-3）。

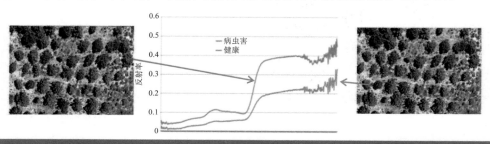

图1-3　病害松树与健康松树反射率曲线对比

选用适合的光谱分类算法，不仅能够对作物进行精细分类，还能对不同品种的农作物进行区分。在足够高的空间分辨率下，高光谱成像可以使分类技术实现精准农业分类（图1-4）。

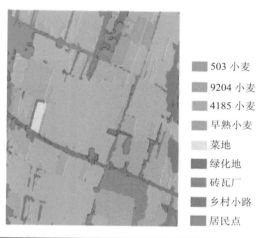

图1-4　利用高光谱成像对农田作物品种分类结果

从高光谱成像和高空间分辨率影像中提取的光谱信息和冠幅特征能够对森林树种和森林类型进行有效区分，且分类效果较好（图1-5）。

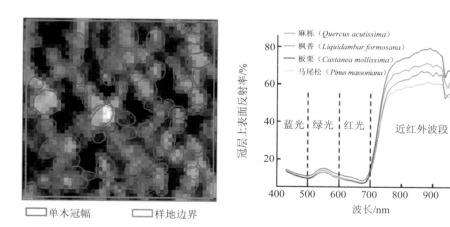

图1-5　利用高光谱成像对森林树种分类及提取冠层信息

　　研究人员利用飞机、无人机、地面高点等平台，集成自主研发的高光谱遥感测量仪器，可以采集远距离、大范围的水体光谱数据并同步传输，实现对叶绿素浓度、悬浮物浓度、总氮、总磷、水表温度等多个参数的测定，生成直观的可视化水质监测图（图1-6）。

图1-6　广东省鹤山市沙坪河河道总悬浮物监测结果

第2章

高光谱遥感数据的基本处理方法

本章主要介绍采用 ENVI 软件处理高光谱遥感数据的基本方法，包括基本的光谱操作、光谱数据的显示方法，以及在光谱信息提取中常遇到的提取光谱数据方法、光谱数据动画浏览和立方图的制作方法。

2.1　基本 ENVI 光谱操作介绍

在农林渔业领域高光谱遥感数据应用中，常常需要对数据进行灰度显示、彩色显示，并将二者连接起来分析典型光谱，同时在此基础上提取单条或者多条高光谱遥感数据。为了保证数据的质量，需要利用 ENVI 软件进行动画显示和制作图像立方体。

2.1.1　加载高光谱遥感数据

加载高光谱遥感数据可按以下步骤进行：

（1）双击 ENVI 软件的图标，成功打开 ENVI 软件后，其主菜单会出现在屏幕上。

（2）选择"File→Open Image File"，并进入"1_data"目录。

（3）选择"1_CASI 演示数据"作为输入文件名。

操作后，屏幕上将显示一幅经几何和辐射校正过的某地 CASI 影像，像元值代表辐亮度，共包含了18个波段（394.5～1 043.5 nm）。弹出可用波段列表，并列出这18个波谱波段的名字。

2.1.2　显示灰阶影像

显示高光谱遥感数据的指定波段的灰阶影像可按以下步骤进行：

（1）拖动可用波段列表右侧的滚动条，直到显示出5波段（547.6 nm）。

（2）在5波段上双击鼠标，一幅灰阶影像就会加载并显示在ENVI的显示窗口组中。

（3）在主影像窗口中用鼠标左键将表现缩放窗口（zoom window）的红色矩形框移动到所需位置，缩放窗口将会自动更新。

（4）用鼠标左键点击缩放窗口左下角的"+"影像控件来放大影像，或点击"-"影像控件来缩小影像。在缩放窗口点击鼠标左键，将会以所选像素为中心显示影像。使用鼠标左键在主影像窗口中拖动红色矩形框也可以更新缩放窗口中的影像。

2.1.3　显示彩色影像

在可用波段列表中，点击"RGB Color"单选按钮，可以加载一幅彩色合成影像，具体操作步骤如下：

（1）按顺序点击"623.9 nm、547.6 nm、471.1 nm"选项。从对话框底部的"Display"下拉按钮菜单中选择"New Display"，即可打开一个新的显示窗口。

（2）点击对话框底部的"Load RGB"。这样彩色影像将加载并显示在新的（#2）影像显示窗口中。

成功加载的高光谱遥感数据的单波段数据和多波段彩色数据如图2-1所示。

图 2-1　高光谱遥感数据的表示形式

2.1.4　链接显示窗口

影像显示窗口都可以被链接在一起，允许用户对多幅影像进行链接显示。链接成功后，移动缩放矩形框、滚动框，改变缩放的比例或者调整任一影像窗口的大小，都会同时在被链接的窗口中反映出来，具体操作步骤如下：

（1）将鼠标光标放在 Display #1 主影像窗口中，选择"Tools→Link→Link Displays"。"Link Displays"对话框就会出现在屏幕上。

（2）使用默认设置，点击"OK"来建立链接。

（3）确定 Display #1 中缩放窗口的位置，在#1 主影像显示窗口中用鼠标左键点击红色矩形框，并将其拖曳到一个新的位置。这时，Display #2 缩放窗口将与 Display #1 窗口的数据同步更新显示。可以使用 Multiple Dynamic Overlays 工具进行实时叠加，动态切换多幅灰阶或彩色影像。当两幅或两幅以上影像第一次被链接时，可以自动进行动态叠加显示。

（4）在任一个被链接的影像窗口中点击鼠标左键，都会使被链接的影像显示在第一个影像的显示窗口中。

（5）为了快速对比所显示的影像，可以通过连续地点击并松开鼠标左键来实现。

（6）按住鼠标中键，拖动叠加区域的一角，使其到所需的合适位置，可改变叠加区域的大小。

（7）在彩色影像显示窗口中选择"Tools→Link→Unlink Display"，关闭动态链接。

2.2 提取并显示光谱数据

2.2.1 提取一条光谱数据

在彩色数据窗口，在主影像显示窗口菜单栏中选择"Tools→Profiles→Z Profile（Spectrum）"，打开并显示指定像素的波谱曲线。绘图窗口中可以显示当前鼠标光标处的地物波谱曲线。绘图窗口中的垂直线表明当前显示波段的波长位置。窗口中会显示一幅彩色合成影像，有 3 条彩色的垂直线，每一条都代表所显示的波段，并且以波段各自的颜色显示出来（红色、绿色、蓝色），具体操作步骤如下：

（1）在主影像显示窗口或者缩放窗口中点击并移动鼠标光标。新位置的波谱曲线就会被提取出来，并绘制在绘图窗口中。

（2）在主影像窗口中点击并按住鼠标左键，拖动红色矩形框，浏览整个影像的波谱曲线。波谱曲线将随着缩放矩形框的移动而更新。

（3）从绘图窗口顶部的菜单栏中选择"File→Save Plot As"，将波谱曲线保存下来进行比较。

2.2.2　采集多条光谱数据

实际应用中，经常需要采集多条光谱数据进行对比分析，具体操作步骤如下：

（1）在"Spectral Profile"窗口中，选择"Options→Collect Spectra"，采集绘图窗口中的波谱曲线。相应地要将波谱曲线采集到另一个绘图窗口中时，先打开一个新的绘图窗口，然后将"Spectral Profile"窗口中的波谱曲线保存到新的绘图窗口中。

（2）从绘图窗口的菜单中选择"Options→New Window：Blank"，打开一个新的绘图窗口，这个绘图窗口将包含要保存的波谱曲线。

（3）在先前的绘图窗口中点击鼠标右键，选择"Plot Key"，波谱曲线的名字将显示在绘图窗口的右边。

（4）在第一条波谱曲线的名称上点击并按住鼠标左键，将波谱曲线的名字拖动到新的绘图窗口中，然后松开。

（5）在主影像窗口或缩放窗口中移动当前光标像素定位器，从影像中选择一条新的波谱曲线。重复上述点击拖曳的过程，在新绘图窗口中建立一系列的波谱曲线。

（6）按照上述步骤，在绘图窗口中采集多条波谱曲线，在新的绘图窗口中选择"Options→Stack Data"。波谱曲线将被垂直偏移显示，方便对比分析。

（7）选择新绘图窗口中的"Edit→Data Parameters"，可以改变不同波谱曲线的颜色和线形，每一条光谱线的名字/位置都将在"Data Parameters"对话框中列出。如果想要改变颜色，需要右键点击色块。

2.2.3　动画显示数据

动态循环显示灰阶影像数据，能够帮助研究人员分析空间上每一个波段的数据情况，寻找特定目标的光谱特性，具体操作步骤如下：

（1）在先前的灰阶影像显示（Display #1）的主影像窗口中，选择"Tools→

Animation"，生成数据的动画显示。弹出的"Animation Input Parameters"对话框中列出了可用波段列表中的所有波段。

（2）从所有波段中选择一个子集来生成动画。点击并拖动鼠标选择所需的连续范围的波段，按住 Ctrl 键点击鼠标选择特定的波段。

（3）点击"OK"，启动动画加载进程。"Animation Controls"对话框可以控制动画的显示。Speed 标签旁的箭头增量按钮，可以调节动画显示的速度，速度值从 1 到 100。

（4）使用控制按钮向前、向后播放动画，或者暂停某个特定波段的动画显示（图 2-2）。

（5）选择"File→Cancel"关闭动画显示。

图 2-2　动画显示所有波段的高光谱遥感数据

2.2.4　制作高光谱遥感数据图像立方体

将高光谱遥感数据的波段进行三维空间制图（图 2-3），具体操作步骤如下：

（1）在主菜单中选择"Spectral"菜单。

（2）下拉选择"Build 3D Cube"菜单，选择"1_CASI 演示数据"，点击"OK"。

（3）在"3D Cube RGB Face Input Bands"窗口，依次指定真彩色波段（623.9 nm、

547.6 nm、471.1 nm），比例系数设为 3.0，点击"OK"。

（4）在"3D Cube Parameters"窗口选择"RAINBOW"颜色。设置好保存路径后，点击"OK"，完成图像立方体的制作（图 2-3）。

图 2-3　生成的图像立方体数据

第 3 章

高光谱遥感数据获取技术

本章主要介绍了典型的高光谱遥感数据库，以及在传感器确定情况下数据获取方案设计的方法。同时介绍了如何掌握对信息提取精度评价的具体实现方法，以及为与遥感数据进行匹配必须获取的地面数据情况。

3.1　光谱数据库功能设计

光谱对地物分类和目标识别具有指纹效应，是联系遥感理论和应用的桥梁。通过收集、处理和分析典型目标的测量光谱，形成能够涵盖多种典型目标的光谱和特征参数光谱数据集，基于软件工程技术将数据集构建成光谱数据库，实现利用遥感数据通过光谱匹配等技术进行地物识别，一直是遥感数据应用领域研究的重中之重。

目前为止，我国已经开发成功了十余套专用的高光谱遥感数据处理与分析专业软件系统，这些软件能够应用于地物光谱信息提取领域。国外比较成熟的系统有美国 JPL 和 USGS 开发的 SPAM、SIS、ENVI 软件，以及加拿大的 PCI 软件中的高光谱分析模块。中国科学研究院遥感应用研究所开发了 HIPAS 高光谱遥感图像处理和分析系统，该系统包括了高光谱图像的几何校正、预处理、混合光谱模型、分类和波谱库的应用等基础模块。

在国内外地物遥感应用过程中，定量化都是必然趋势。但是遥感定量化需要已有知识的支撑，因此，各种光谱库相继得以建立和发展。目前光谱库在医学领域发展得比较快，光谱数据也较多，其次是在矿物领域。

目前具有代表性的光谱库有：美国喷气推进实验室（Jet Propulsion Laboratory，JPL）用 Beckman UV-5240 型光谱仪对 160 种不同粒度的常见矿物进行了测试，突出反映了粒度对光谱反射率的影响；美国地质勘探局（United States Geological Survey，USGS）建立了波长为 0.2～0.3 μm 的光谱库；美国在 IGCP-264 工程实施过程中，对 26 种样本采用 5 种分光计进行测试；加利福尼亚技术研究所建立了 ASTER 光谱库，包括矿物类 1 348 种、岩石类 244 种、地物类 58 种、月球类 17 种、陨石类 60 种、植被类 4 种、水雪冰 9 种和人造材料 56 种；约翰霍普金斯大学提供了包含 15 个子库的光谱库，针对不同的地物类型选用了不同的分光计；中国科学院空间技术中心编写了《中国地球资源光谱信息资料汇编》，内容包含岩石、地物、水体、植被和农作物等地物波谱曲线。

随着光谱库建设的推广，针对土壤研究的行业应用系统建设已经全面展开。中国科学研究院遥感与数字地球研究所建立了针对土壤微波特性的知识库；中国科学院东北地理与农业生态研究所针对土壤目标识别和作物估产需要，建设了长春净月潭地物光谱数据库；北京师范大学遥感与 GIS 中心在开展冬小麦波谱研究时，建立了我国包括土壤在内的典型地物标准光谱数据库；中国煤炭地质总局航测遥感局建立了矿物岩石高光谱数据库。

此外，科研院所在光谱机理研究方面使土壤光谱库反演属性精度进一步得到提高。武汉大学测绘遥感信息工程国家重点实验室采用 VC++语言，建立了 GeoImager 光谱数据库系统并应用于遥感基础理论研究，在研究土壤光谱方面发挥了巨大作用；南京大学国际地球系统科学研究所按照土壤、植被、岩石、矿物、原油、水体、冰雪和人工目标分类，建立了一套典型地物标准光谱数据库；山东科技大学将兖州矿区典型地物光谱数据库应用于矿区土壤环境监测，取得了快速监测的目标；新疆大学所建立的干旱区 Web 典型地物光谱信息系统具有微分、数据挖掘和光谱匹配等功能，具体见表 3-1。

表 3-1　国内现有具备土壤信息处理功能的光谱库情况

名称	数据源	地物类型	软件环境	功能设计	应用	单位
长春净月潭地物光谱数据库	WDY-850、WDY-2500 近红外光谱计、微波辐射计	土壤、植被、水体、冰雪、人工目标	VB6.0、SQL 2000、SPSS 10.0	数据管理、统计分析、主成分分析	目标识别、作物估产	中国科学院东北地理与农业生态研究所
典型地物标准光谱数据库	SE590 便携式光谱仪、ASD FieldSpec FR、101W 辐射计、WDY-850 地面光谱辐射计	农作物、水体、岩矿	Jbuild、SQL 2000	查询、正演与反演、模型比较	冬小麦波谱研究	北京师范大学遥感与GIS中心
地物光谱数据库	多源	土壤、植被、水体、岩矿、人工目标	FoxPor	编辑、数据管理、格式转换、查询、统计分析、波形分析、插值、数值微分	反射率特性研究	中国科学研究院安徽光学精密机械研究所
典型地物光谱数据库系统	野外实测、高光谱遥感图像上提取	土壤、植被、水体、岩矿、人工目标	VB6.0、SQL 2000	数据管理、查询	定量遥感	长安大学地质工程与测绘学院
GeoImager 光谱数据库系统	野外光谱仪	水体、土壤、岩矿	VC++6.0	建库、光谱重采样、最小距离法匹配、光谱角匹配	遥感基础研究	武汉大学测绘遥感信息工程国家重点实验室
典型地物标准光谱数据库	实验室、地面、航空、航天、微波	植被、土壤、岩石、矿物、原油、水体、冰雪、人工目标	Java、SQL	输入、审核、查询、插值、特征提取、应用模型	国家空间信息处理平台	南京大学国际地球系统科学研究所
遥感分析中小型地物光谱数据库系统	多源	土壤、植被、岩矿、水体、人工目标	VB、IDL、SQL	入库、波段模拟、波形分析、特征提取	遥感地物光谱分析	公安部出入境管理局技术处

名称	数据源	地物类型	软件环境	功能设计	应用	单位
干旱区 Web 典型地物光谱信息系统	ASD FieldSpec3 便携式光谱辐射计	土壤、植物	.NET、SuperMap、SQL Server	导数光谱、数据挖掘、光谱匹配	土壤盐渍化研究	新疆大学资源与环境科学学院
光谱数据库及其分析系统	野外光谱仪	土壤、植被、岩矿、水体、人工目标	VB6.0、Access	对比分析、特征提取	小型区域和专题研究	中国矿业大学 GIS 与遥感科学系
典型地物光谱特性数据库系统	野外光谱仪	植被	VB6.0、SQL、MapX	可视化	植被遥感定量化	山东科技大学
南水北调中线工程典型地物光谱数据库	EPP 2000 微型光纤光谱仪	水田、旱地、林地、草地、居民地、道路、河流、湖泊、水库、滩地、裸土地、裸岩	VB6.0	数据管理、格式转换、查询、可视化、统计分析、特征运算、归一化、有机质含量	南水北调中线工程的施工、运行、监测	长江勘测规划设计研究院空间公司

3.2　机载高光谱遥感数据获取方案设计

3.2.1　机载高光谱遥感数据获取的考虑因素

目前，机载高光谱仪的视场角是固定的，在获取数据时，幅宽仅与飞行高度相关（图 3-1）。总结所有机载高光谱遥感数据获取的考虑因素，应包括飞行高度、幅宽、项目执行速度、信息提取速度、空间分辨率、飞行费用及目视效果等（图 3-2）。随着飞行高度的提升，幅宽将越来越宽，但是这会导致空间分辨率降低；飞行高度提升以后，能够显著加快项目的执行速度，从而降低数据获取的总成本；由于航高变高后，数据量将减少，这会加快信息提取的速度，但是这种数据的目视效果会变差。

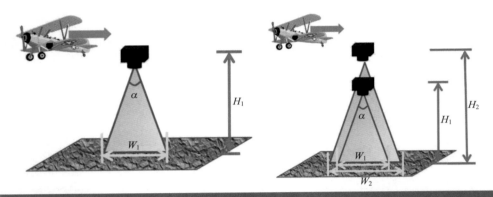

图 3-1　视场角一定情况下的幅宽与航高关系

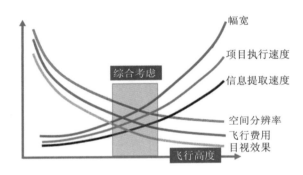

图 3-2　数据获取过程中各项因素的作用关系

3.2.2　高光谱遥感数据获取方案总目标

高光谱遥感数据获取的总目标是实现航线的科学设计以及精准的信息提取方法。获取高光谱遥感数据需要解决以下 4 个方面的问题：

（1）数据采集时飞机的飞行高度在多少最合适？

（2）每类地物提取效果和飞行高度关系大不大？

（3）如果有关系，那么和所选的提取方法有关系吗？

（4）如果都有关系，那么提取什么地物、飞多高、用什么方法可以达到最佳效果?

以上 4 个问题可以归纳为尺度效应的问题。广义上,尺度指的是在研究某一物体或现象时所采用的空间或时间单位,同时又可指某一现象或过程在空间和时间上所涉及的范围和发生的频率(李小文,2009)。高光谱遥感可以获取大量窄波段连续光谱数据,在进行地表参数遥感反演时,必须考虑由尺度效应所引起的信息提取不确定性和提取精度的尺度依赖性。由于遥感混合像元数目随空间分辨率变化而变化,因此会造成不同地物信息的最大提取精度发生在不同的空间分辨率,而且空间分辨率越高的数据不一定提取信息精度越高,因此,不同类别间的分类需要不同空间分辨率的数据。

3.2.3　多尺度遥感数据获取方法

获取不同尺度的遥感数据主要有三种方法:一是采样法,将原始影像经过尺度扩展为一系列不同分辨率的影像;二是多传感器法,获取同一地区不同分辨率传感器的数据,如 IKONOS pan 1 m、SPOT pan 20 m、TM 30 m 和 MODIS 250 m;三是变航高法,同一传感器在不同飞行高度下获取不同的分辨率数据。采样法在研究尺度效应时,会造成后续结论的不可靠性;多传感器法由于传感器光谱响应函数各不相同,在评价尺度效应时,统一标准的工作也会造成计算的复杂性;变航高法传感器所获取的不同分辨率的数据具有很好的可对比性,是研究尺度效应的最佳数据。

3.2.4　研究高光谱遥感数据尺度效应的信息提取方法

高光谱遥感数据利用地物的分子光谱吸收和微粒散射特性,可以实现地物种类识别和测量光谱所反映的物质含量等目标。数据可以视为一个三维数据立方体,包括一维光谱信息和二维空间信息。研究尺度效应时,针对高光谱遥感数据的信息提取方法常用的有光谱角填图法、线性波谱解混、匹配滤波、混合调制匹配滤波、光谱特征匹配、模糊识别和导数光谱特征等数十种方法。归纳起来,一类方法从光谱角度出发，通过分析不同尺度数据的谱线特征，得出相对最优尺度；二类方法从空间分布特征角度出发，结合纹理和几何特性，提高提取准确率；三类方法从频率域角度出发，将数据转化成频域，进行相关信息增强处理后再转换回来进行信息提取。

光谱角填图（Spectral Angle Mapping，SAM）通过计算像元与标准端元组分光谱之间的光谱角来表征匹配程度，夹角越小说明越相似，再根据给定的相似度阈值来确定未知像元的类别属性。参考光谱可以来自 ASCII 文件、光谱库、统计文件或者 ROI 区域已知的光谱。面向对象技术（Object Oriented，OO）是基于空间分布特征的信息提取方法，区别于划分单个的像素思路，其是将影像分割成对象特征，然后在对象的基础上进行信息提取。一般流程是：影像分割、图斑合并、图斑提纯和属性运算。傅里叶变换（Fourier Transform，FA）是一种将数据分离成不同空间频率组分的数学方法，其认为任何一个连续函数 $f(x)$ 都可以用一系列不同空间频率的正弦函数项之和来表示。每景遥感影像都可以看作一个二维的离散函数，因此影像既可以进行傅里叶变换，也可进行逆变换重建。

3.2.5　多尺度 CASI 数据的获取

我国西北某县级城市的多尺度 CASI 数据采用变航高法来获取。搭载平台为"空中国王"（King Air）双发涡桨飞机，飞行时间为 2013 年 7 月 28 日，数据获取时间为正午 12 点。地面同步进行黑白布和典型地物地面光谱测量，同时通过架设基站同步获取静态 GPS 数据。典型地物光谱测量使用美国分析光谱仪器公司制造的 ASD 野外光谱辐射仪（ASD FieldSpec），该仪器测定的光谱范围为 350～2 500 nm，有 2 151 个光谱通道，光谱分辨率为 1 nm。对典型地物进行识别与采集照片，并整理成野外高光谱测量记录表，测点的环境参数包括测点号、实际坐标、光谱编号、地物描述、照片号、测量时间和天气情况等信息。

CASI 1500 是推扫式成像光谱仪,有一个 1 480 个元件构成的垂直于航迹的线阵列和一个 1 480×288 面阵列的 CCD。当飞机沿着飞行线路飞行时，通过反复读取面阵列 CCD 上的数据来获取高光谱二维影像,同时记录扫描幅宽范围内所有像元的辐射通量,保证像元在空间上和光谱上相互匹配。不同轨道的空间分辨率取决于 CASI 距地面的高度和瞬时视场角,而沿轨道方向的空间分辨率则取决于飞机的速度和 CCD 的读取速率。分别获取相对高度 600 m、1 500 m 和 3 000 m 的多尺度数据,对应空间分辨率分别为 0.5 m、0.75 m 和 1.5 m(图 3-3)。

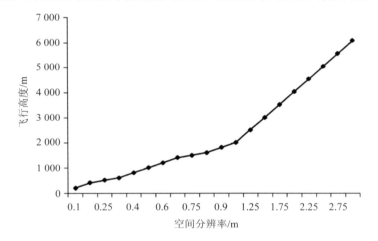

(a)CASI 空间分辨率和飞行高度关系图

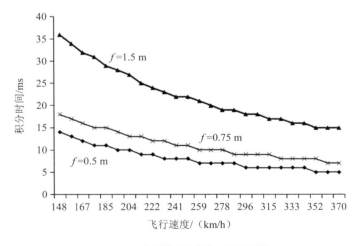

(b)CASI 飞行速度和积分时间关系图

图 3-3　多尺度 CASI 数据获取分辨率与飞行高度、飞行速度和积分时间关系图

3.2.6 多尺度 CASI 数据的质量评估

多尺度 CASI 数据在反映地学规律时因为空间信息的复杂性和不确定性，使得数据具有一定的随机性，即具有统计性质。不同的统计方法可以反映多尺度 CASI 数据的多种信息情况，以绿波段 547.6 nm 和红波段 662.0 nm 为例，多尺度 CASI 数据可分别计算 3 个尺度下高光谱遥感数据的信息（表 3-2）。

表 3-2 多尺度 CASI 数据的质量评估结果表

类型	统计量	计算方法	f=0.5 m	f=0.75 m	f=1.5 m
单波段 影像 （547.6 nm）	均值	$f = \sum_{i=0}^{M-1} \sum_{j=0}^{N-1} f(i,j)/MN$	0.665	0.632	0.654
	中值	$f(i,j) = [f\max(i,j) + f\min(i,j)]/2$	3.277	2.999	1.436
	众数	$T = \max_{\text{count}}[f(i,j)]$	0.308	0.304	0.475
	值域	$f_{\text{range}}(i,j) = f_{\max}(i,j) - f_{\min}(i,j)$	6.502	5.566	2.158
	反差	$C = f_{\max} / f_{\min}$	254	26.733	7.056
	方差	$f = \sum_{i=0}^{M-1} \sum_{j=0}^{N-1} [f(i,j)-f]^2/MN$	0.392	0.280	0.289
多波段间 （547.6 nm/ 662.0 nm）	协方差	$f = \sum_{i=0}^{M-1} \sum_{j=0}^{N-1} [f(i,j)-f][g(i,j)-g]/MN$	15.577	8.183	8.346
	相关 系数	$r_{\text{fg}} = S_{\text{fg}}^2 / S_{\text{ff}} S_{\text{gg}}$	0.906	0.894	0.919
影像 光谱域 （547.6 nm）	信息熵	$H = -\sum_{i=1}^{k} p(i)\log_2 p(i)$	−3.231	−2.889	−1.267
	分散度	$A = \sum_{i=1}^{c} p(i)[(x-u_i)(x-u_i)^T]$	2.023	2.029	2.048
影像 空间域 （547.6 nm）	优势度	$D = 1 - [\sum_{k=1}^{n} (-P_k \cdot \ln P_k)/\ln(n)]$	677.417	544.463	314.602
	破碎度	$P = \sum n_i / A$	2.416	1.141	0.298

（1）单波段影像指标中，均值反映了遥感数据地物平均反射强度，中值反映了地物反射强度中间值，值域反映了反射强度的变化程度，反差反映了影像的显示效果和可分辨性，方差反映了各像元反射强度与平均值的离散程度。这些指标中，f=0.5 m 空间分辨率的 CASI 数据，在一定程度上优于其他两种分辨率数据。只有反射强度出现最多次数值的众数这一指标，空间分辨率 f=0.5 m 略低于分辨率 f=1.5 m 的数据。

（2）多波段间指标中，协方差反映了两个波段间反射强度的差异程度，f=0.5 m 空间分辨率时数据达到 15.577，信息差异程度是其他两种分辨率数据的 2 倍，说明波段间信息差异明显。而相关系数反映了两个波段间包含信息的重叠程度，f=1.5 m 空间分辨率时数据信息重叠程度最高。

（3）影像光谱域指标中，信息熵反映了影像信息量的多少和"混乱"程度，众多像素组合方式越单调，直至趋向于 0 时，则总体表现为有序，反之机会均等则为无序。f=0.5 m 空间分辨率时对应的熵值–3.231 为最低，说明数据更加无序，信息量丰富；而 f=1.5 m 空间分辨率时对应的熵值–1.267 最接近 0，说明图像信息量相对最少。分散度反映了光谱在特征空间的分布范围，3 组数据非常接近，说明光谱分散度差别不大。

（4）影像空间域指标中，优势度反映了影像上一种或几种地物支配的程度，f=0.5 m 其数据值最高，地物空间特征更加明显。破碎度是利用单位面积上的地物数目，反映区域完整性和破碎化程度，f=0.5 m 其数据也是最高的。说明空间上分辨率越高，数据空间域表达越准确，这与目视效果是一致的。

综合表明，分辨率 f=0.5 m 的 CASI 数据在光谱域和空间域，其原始数据相对于其他两组数据具有相当的优势。

3.2.7　高光谱信息提取的试验

分别从光谱、空间分布特征和频率域角度出发，以光谱角填图、面向对象技术和傅里叶变换 3 个代表性方法为例，对 3 种空间分辨率数据进行 5 类地物信息的提取。5 类地物包括草地、植被、建筑物、道路和水体 [图 3-4 (a)]。

光谱角填图使用 n 维角度将像元与参照波谱进行匹配。算法是将 N 个波段的光谱作为 N 维波谱向量，通过计算与端元波谱之间的夹角判定两个波谱间的相似度，夹角越小则越相似。按照反射率获取、剔除异常光谱点、光谱测量数据的一阶微分处理和包络线消除处理，可以得到 5 类地物的特征波谱曲线。这组曲线可作为信息提取的参考光谱。通过试验，将光谱角阈值设置为 0.1 rad，分别提取 3 个尺度下的地物信息 [图 3-4 (b)]。从图中可以看出由于尺度不同，图像不同地物类型的面积、分布和破碎程度也不同，因此尺度效应发挥重要作用。

面向对象技术不仅要考虑单个像元的光谱特征，还要考虑周围像元的光谱特征，通过结合邻近像元的空间特征信息，确定同质的像元区域，解决了单像元分析算法难以从高空间分辨率数据中准确提取信息的问题。本书选用色彩判据和空间判据的两个测度，色彩判据的分割函数选用光谱均值（所有波段的均值总和除以总波段数），权重为 0.2，而空间判据的分割函数选用形状指数（对象的边界长度除以 4 倍面积的平方根），权重为 0.8。按照影像分割、合并分块、精炼分块、计算属性和矢量输出的流程，经多次试验和精度对比，0.5 m 空间分辨率分割尺度为 40，合并尺度为 70，0.75 m 空间分辨率分割尺度为 50，合并尺度为 80，1.5 m 空间分辨率分割尺度为 30，合并尺度为 70。分类结果表明，不同尺度下地物提取结果的光滑度和紧凑度都有一定差异 [图 3-4 (c)]。

傅里叶变换将图像从空域变换到频率，使得频率成为构成能量的一种特殊图谱，该图谱与地学信息图谱都是按照指定规则构建的空间完整结构，能够表征空域中不同地物的特征信息。信息提取时，首先，以频谱能量特征为切入点，选取表征不同地物特征的遥感数据，通过傅里叶变换将其从空域变换到频域；其次，提取低阶频谱能量作为地物识别特征值；再次，利用该特征值结合最大似然法对不同地物进行识别；最后，利用数学形态学的方法进行去噪、平滑等相关处理操作，得到提取结果 [图 3-4 (d)]。

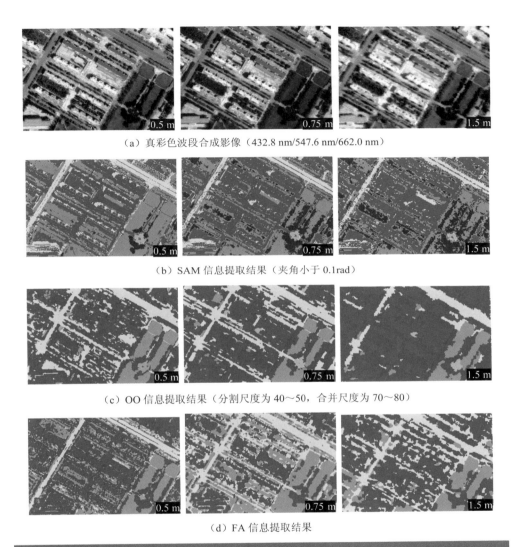

（a）真彩色波段合成影像（432.8 nm/547.6 nm/662.0 nm）

（b）SAM 信息提取结果（夹角小于 0.1rad）

（c）OO 信息提取结果（分割尺度为 40～50，合并尺度为 70～80）

（d）FA 信息提取结果

图 3-4　多尺度 CASI 数据信息提取结果（局部放大影像）

3.2.8　精度评价方法

根据现场考察资料和地面光谱仪记录对研究区进行目视解译，形成地物类型的精确底图，并将其作为评价各种方法信息提取精度的依据。将底图按照空间分辨率为 0.5 m、0.75 m 和 1.5 m 3 种尺度重新采样，便于消除评价误差。首先计算 3 个尺度影像信息提取结果与各自底图之间的总体精度（$p_c = \sum_{k=1}^{n} p_{kk} / p$）、制图精度（$p_{Ai} = p_{ii} / p_{+j}$）、漏分误差（$1 - p_{ui}$）、用户精度（$p_{ui} = p_{ii} / p_{i+}$）、错分误差（$1 - p_{Ai}$）5 个量化指标对两幅图进行吻合度的总体评价，可以得到客观的评价结果。

构建误差混淆矩阵表，分别计算 0.5 m 空间分辨率参考图与 SAM600 m、OO600 m 和 FA600 m，0.75 m 空间分辨率参考图与 SAM1500 m、OO1500 m 和 FA1500 m，1.5 m 空间分辨率参考图与 SAM3000 m、OO3000 m 和 FA3000 m 的 5 个量化指标（以 0.5 m 空间分辨率底图与 OO600 m 为例说明，表 3-3）。

表 3-3　0.5 m 空间分辨率参考图与 OO600 m 误差矩阵实例

	类别	OO600 m							
		水体	草地	建筑物	植被	道路	总计	用户精度/%	错分误差/%
0.5 m 空间分辨率参考图像	水体	1 116	1	2 027	1 112	3 723	7 979	13.99	86.01
	草地	0	20 824	514	21 767	3 956	47 061	44.25	55.75
	建筑物	11	278	122 888	6 509	88 885	218 571	56.22	43.78
	植被	85	30 040	18 247	249 896	68 612	366 880	68.11	31.89
	道路	3	1 688	77 256	12 236	175 262	266 445	65.78	34.22
	总计	1 215	52 831	220 932	291 520	340 438	像素总计=906 936 个； 总体精度=569 986÷906 936 = 62.85%		
	制图精度/%	91.85	39.42	55.62	85.72	51.48			
	漏分误差/%	8.15	60.58	44.38	14.28	48.52			

（1）总体精度评价。9 种方法的精度排序从大到小依次为：OO600 m（62.85%）、OO1500 m（49.75%）、OO3000 m（48.29%）、FA3000 m（46.71%）、FA1500 m（46.51%）、FA600 m（45.61%）、SAM1500 m（43.54%）、SAM600 m（39.75%）、SAM3000 m（38.68%）。可以看出，OO600 m 的信息提取精度最高。用 3 个尺度数据提取信息时，精度都较高，但分辨率越高，面向对象提取的效果越好。频域

方法总体尺度效应不明显，说明采用该方法时，提取精度与分辨率关系不大。而光谱角填图法 3 种提取精度都较差，0.75 m 空间分辨率提取精度高于 0.5 m 空间分辨率的数据。

（2）5 类地物最佳信息提取方法与尺度的确定。用户精度指假定将像元归到A类时，相应的地表真实类别是A类的概率；制图精度指假定地表真实类别为A类时，能将图像的像元归为A类的概率。将两个指标求和取平均值，经对比分析发现，水体的最佳提取方法和最优尺度为SAM600 m（82.87%），草地为SAM1500 m（42.59%），建筑物为OO3000 m（61.52%），植被为OO600 m（76.92%），道路为OO600 m（58.63%）。分析得出，水体和草地具有显著的光谱特征，因此这两类地物最佳提取方法是光谱角填图法，而且高精度的数据更有利于水体信息提取，而草地含有较多混合像元，0.5 m空间分辨率尺度的数据反而不及 0.75 m空间分辨率尺度的数据。城市中的建筑物、植被和道路都具有较为规则的几何形状，因此其最佳提取方法都是面向对象提取方法。

（3）3种信息提取方法的针对性分析。分析3种方法在不同尺度下信息提取的结果，来说明它们最适合提取何种信息。5种地物中，SAM600 m 提取水体精度最高（82.87%），SAM1500 m 提取植被精度最高（63.15%），SAM3000 m 提取建筑物精度最高（54.11%）；OO600 m 提取植被精度最高（76.92%），OO1500 m 提取植被精度最高（60.13%），OO3000 m 提取建筑物精度最高（61.52%）；FA600 m 提取植被精度最高（57.68%），FA1500 m 提取植被精度最高（59.34%），FA3000 m 提取水体精度最高（62.13%）。

通过研究光谱、空间分布和频率域角度 3 类方法对 5 类典型目标提取的效果，得到了总体精度评价、5 类地物最佳信息提取方法与尺度的确定、3 种信息提取方法的针对性 3 个结论。

这些定量化结论不仅对指导数据获取时的航高航速设计具有重要意义，而且对掌握精细化、定量化、专题化提取某类地物时尺度效应和提取方法的相互关系具有重要的参考价值。

3.3 信息提取精度评估的实现方法

在有地面查证正确结果的基础上，对不同高度获取数据的提取结果进行精度评估的方法如下：

（1）选择"File→Open Image File"，分别打开"9_标准地物分类图"和"9_待评价地物分类演示图"（按住 Ctrl 键双选）。

（2）在"9_标准地物分类图"波段位置单击右键，点击"Load Band to New Display"。

（3）在"9_标准地物分类演示图"波段位置单击右键，点击"Load Band to New Display"。

（4）右键点击"Link Displays"，然后点击"OK"。

（5）目视对比右侧的分类图像与左侧标准图像的差异（图 3-5）。

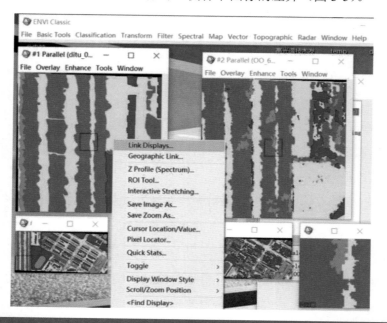

图 3-5 对比分析提取结果与标准结果的差异

（6）进行分类的精度评价。选择"Classification→Post Classification→Confusion Matrix→using Ground Truth Image"。

（7）待评价的分类图选择"9_待评价地物分类演示图"，点击"OK"。

（8）标准分类图选择"9_标准地物分类图"，点击"OK"。

（9）点击两侧"水体"，点击"Add Combination"（图 3-6）。

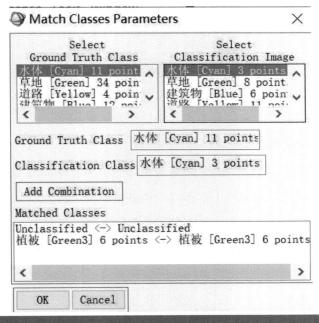

图 3-6 地物一一对应的方法

（10）按这种方法依次点击两侧的"草地""道路""建筑物"，点击"Add Combination"，直到真实地物和分类地物的框内为空，点击"OK"。

（11）将评价结果保存在结果图目录下，命名为"9_待评价地物分类演示图_评价结果"，点击"OK"。

（12）计算得出总体精度和 Kappa 系数。

3.4 地物的理化数据获取方法

3.4.1 地面同步数据工作

机载高光谱测量的地面同步数据工作涉及 3 个部分：飞行前的地面考察、飞行同步数据获取和飞行后的验证。

飞行前的地面考察任务核心是对测区边界进行区划，为作业高度提供参考资料，以及对道路可达性、铺布地点和基站架设位置进行可行性分析。飞行后的验证指的是设计高光谱信息提取效果评价指标，实地验证后确认项目实施的质量。相比飞行同步数据获取，这两类工作的数据类型单一，工作执行灵活性高。

飞行同步数据获取（表 3-4）具有以下特点：

（1）不可重现性。飞行作业时 GPS 卫星具有的实时性决定了静态基站和移动基站都不具有重现性；而大气干扰和太阳照度也具有动态性，这也使得地面辐射特性具有唯一性，因此飞行作业时需要同步获取地面反射数据。

（2）数据类型多。作为飞行作业的配合工作，地面需要采集 6 大类数据，数据类型涉及文本、特殊编码和图像等，因此管理难度较大。

（3）数据采集复杂。地面数据在辐射校正、几何校正和信息提取等后处理中都发挥着巨大作用，对数据质量的高要求使得地面每一项测量工作都有各自严格的规程，因此飞行行业时数据采集复杂度高。

表 3-4　机载高光谱测量的地面同步数据详情

序号	名称	来源	类型	作用	数据描述
1	GPS 基站数据	GPS 基站	*.TPS	几何校正	一般架设在测区 20 km 范围以内，靠近中心点位置。通过收集航飞过程中的静态GPS卫星参数，与机上动态GPS做差分运算来提高高光谱遥感数据的几何精度

序号	名称	来源	类型	作用	数据描述
2	地面黑白布光谱数据	ASD 等地面光谱仪	ASCII	场地定标辐射校正	在飞机过顶时同步测量地面铺设的已知反射率因子的黑、白、灰等定标布，利用辐射传输模型计算传感器入瞳处辐射亮度值
3	明暗地物数据	HySpex 等地面成像光谱仪	*.IMG	场地定标辐射校正光谱匹配	实测两个光谱均一、面积超过 4 个像元的暗目标和亮目标的地面光谱反射率，计算其与图像上的辐射光谱的线性关系，进行反射率反演
4	太阳光度计数据	CE318 等仪器	*.SIZ	大气校正	同步采集太阳和天空在可见光和近红外的不同波段、不同方向、不同时间的辐射亮度，计算机载作业过程中大气气溶胶、水汽和沙尘等成分的干扰，实现大气校正
5	角点坐标数据	Trimble 等移动 GPS 基站	*.TPS	几何校正	针对系统性几何位置误差，航飞测线共有 3 横 3 竖共计 9 条，通过选取图像上明显的角点位置，地面实测这些角点的精确坐标，实现几何精校正
6	地面典型地物光谱数据及其元数据信息	ASD 光谱数据	ASCII	光谱特征信息提取	预先选取测区地面考察路线（原则上选垂直于测线、交通方便的道路），飞机在每条测线上作业时，同步测量典型地物的反射率光谱，并记录和采集相关元数据
		野外记录表	*.DOC		
		地物照片	*.JPG	地物识别	
		地物位置	*.SHP	图像分类	

3.4.2　光谱数据预处理

　　获取地物光谱后，需要对光谱数据进行光谱异常筛选、光谱平滑去噪、光谱重采样、光谱变换和光谱定量化计算 5 种处理方法（表 3-5）。

表 3-5　常用的光谱数据预处理方法

序号	处理归类	光谱处理结果	处理方法
1	光谱异常筛选	去除 350～380 nm、2 400～2 500 nm 噪声波段	$X = \text{DELETE}(R)$
2	光谱平滑去噪	加权移动平均法	$X_{n+1} = \sum_{i=1}^{n} X_i \times R_i / \sum_{i=1}^{n} R_i$
		包络线消除	$X_i' = X_i / R_i$
3	光谱重采样	变换波段间隔重新采样	$X_i = \dfrac{\sum_{R_{\text{start band}} - b/2}^{R_{\text{end band}} + b/2} R_i}{n+1}$
4	光谱变换	倒数	$X = 1/R$
		对数	$X = \lg R$
		倒数的对数	$X = \lg(1/R)$
		对数的倒数	$X = 1/\lg R$
		均方根	$X = \sqrt{R}$
		一阶微分	$X = R'$
		倒数一阶微分	$X = (1/R)'$
		倒数的对数一阶微分	$X = [\lg(1/R)]'$
		对数一阶微分	$X = (\lg R)'$
		对数的倒数一阶微分	$X = (1/\lg R)'$
		均方根一阶微分	$X = (\sqrt{R})'$
		二阶微分	$X = R''$
5	光谱定量化计算	斜率	$X_i = kR_i + b,\ R_i \in [\lambda_1, \lambda_2]$
		光谱吸收位置	$\text{AP} = \lambda_{\min}$
		光谱吸收深度	$\text{AD} = 1 - \lambda_{\min}$
		光谱吸收指数	$\text{AI} = [d \times \lambda_1 + (1-d)\lambda_2]/\lambda_{\text{m}}$
		光谱吸收宽度	$\text{AW} = (\lambda_1 - \lambda_2)/2$
		光谱吸收对称性	$\text{AA} = (\lambda_{\min} - \lambda_2)/(\lambda_1 - \lambda_2)$
		光谱积分	$I = \int_{\lambda_1}^{\lambda_2} \lambda_i \mathrm{d}\lambda$

注：R_i——光谱反射率；X_i——处理后的光谱反射率；i——波段增量；$R_{\text{start band}}$ 和 $R_{\text{end band}}$——波段间隔光谱起始和终止反射率；g——波段间隔数；k——光谱斜率；b——光谱截距；n——波段数；λ_i——波长；$\lambda_{\min}$——最小波长；d——光谱吸收的对称参数。

350～380 nm、2 400～2 500 nm 噪声波段通常位于传感器边缘波长位置，因噪声较大，需要将其去除。对波谱曲线上的毛刺和陡坎等噪声波段采用加权移动平均法或包络线消除法，可以很好地对其进行抑制。在可见光-近红外与中红外获取不同光谱分辨率情况下，通常需要进行光谱重采样，以利于对比分析特征波段。

光谱变换的目的是通过将原始反射率进行转换，形成一系列反射率自变量，这种自变量能够放大或者缩小特征峰的反射率值，提升光谱识别的概率。在对理化成分分析数据建立回归模型时，需要经过多种方法的综合验证来分析光谱数据和化验数据的匹配关系。

光谱定量化方法是求解波谱上指定波段范围内的特征量，这些定量值对理解光谱所反映的地物理化性质具有重要的参考价值，随着定量值的大量积累，形成的历史数据集能够对地物特征提取提供指示信息。

3.4.3　数据预处理的软件实现

在"1_data"目录下，存放了一个苹果树的光谱数据，命名为 10_苹果树光谱数据。将该数据做数据预处理的操作步骤具体如下：

（1）在文件夹空白处点右键，新建一个 Excel 文件，命名为 10_光谱预处理。

（2）在 Excel 左上角，点击"打开文件"，文件类型选为"所有文件"。

（3）找到"10_苹果树光谱数据"，打开此文件。

（4）"文本导入向导"为第一步，直接下一步。

（5）第二步，勾选"分隔符号"为"空格"，下一步。

（6）点击"完成"。

至此，可以浏览整条苹果树的光谱数据（图 3-7）。这里，在对数下输入"=LOG（C4）"，在倒数下输入"=1/C4"，在均方根下输入"=SQRT（C4）"，即可实现相应的光谱预处理计算。

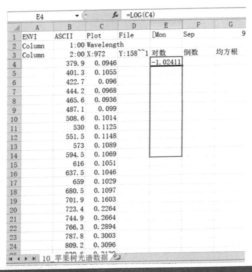

图 3-7　打开苹果树光谱数据并进行预处理

3.4.4　理化数据获取

理化成分测定一般是由获得国家计量认证的实验室进行测量。针对地物的理化成分情况，可选用合适的化验方法，5 种成分常用的化验方法具体如下：

（1）土壤养分——ICP 法、浸提-火焰光度法、凯氏定氮法、碳酸钠熔融法、钼锑抗比色法、氢氧化钠熔融法、中和滴定法、乙酸铵交换法和火焰光度法；

（2）土壤有机质——重铬酸钾容量-外加热法、Vario ELIII 元素分析法、干烧法；

（3）土壤水分——烘干称重法、TRIME-PICO TDR 水分测量法；

（4）土壤盐分——电位法、水土质量比浸提液法、酸度计法；

（5）土壤重金属——电感耦合等离子发射光谱-质谱联用法、PXRF 法、原子荧光光度计法、X 射线荧光光谱法、原子吸收光谱法、水土质量比浸提液法。

传统的理化参数分析复杂，测试条件苛刻，费用高昂，因此在地物属性大面积制图时，仅能采用千米级的数据进行插值，而插值算法又易于引起二次误差，具有较大的局限性，因此迫切需要一种更加高效的理化成分定量方法。

第 4 章

高光谱与理化数据建模方法

本章简要介绍了Unscrambler光谱建模软件的信息，为后续行业应用提供简要说明。归纳了常见的 8 种高光谱与理化数据建模方法。

4.1　Unscrambler 光谱建模软件简介

4.1.1　软件基本情况

Unscrambler建立了多合一多元数据分析（MVA）和实验设计软件包的标准（图 4-1）。Unscrambler是Harald Martens教授于 1981 年创建的，它可以帮助用户快速分析大量复杂的数据集，并准确地使用多变量分析的功率让用户更高效地计算多元数值变化。Unscrambler为R&D科学家和工艺工程师提供了创新性的数据可视化和模型预测解决方案，其可广泛地应用于食品加工业、制造业、化工和能源（天然气和石油）工业。

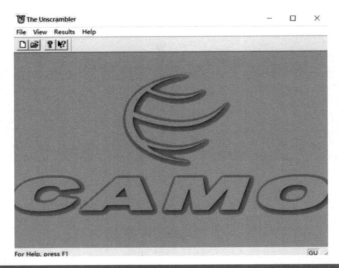

图 4-1 Unscrambler 的主界面

4.1.2 软件特点

Unscrambler 软件有以下特点：

（1）回归和分类方法。该软件具有先进的回归、分类和预测建模工具。包括聚类分析、主成分分析、MCR、PCR、MLR、PLS-R、L-PLS、LDA、PLS-DA、SIMCA、支持向量机。

（2）探索性数据分析工具。该软件强大的探索性数据分析工具可以快速、轻松地识别潜在的模式。

（3）数据预处理。该软件广泛的数据预处理方案可以确保数据适合进行多因素分析，包括平滑、Savitzky 等计算。

（4）该软件提供了更快的处理大数据集功能，提供了更高的稳定性和安全性。

（5）该软件可以集成到第三方应用程序，实现更高的灵活性和更强的适应性架构。

4.2　高光谱与理化数据建模方法综述

4.2.1　偏最小二乘回归法（PLSR）

偏最小二乘回归法（Partial Least Squares Regression，PLSR）优势在于集成了典型相关分析、主成分分析和线性回归分析的优点，实现了数据结构的简化，良好地解决了自变量间多重共线性问题，并适用于变量间高度相关及变量数超过样本数的情况。建模方法为：设地物样本数为 n，定义地物成分含量为 $y=[y]_{n \times 1}$，波段数为 k，则波谱曲线为 $x=[x_1, x_2, \cdots, x_k]_{n \times k}$（下同）。从波谱曲线 x 中提取携带了最大变异信息的成分 t_1，且与成分含量 y 相关程度最大。提取第一主成分 t_1 后，建立 y 与 t_1 的回归模型，若精度满意则算法停止；否则将继续利用 x 和 y 残余信息进行回归。

4.2.2　主成分回归法（PCR）

主成分回归法（Principal Component Regression，PCR）利用主成分分析将自变量数据组成为多个相互无关的新变量，选取尽可能少的组合变量代表原有自变量信息，再与因变量建立回归方程。建模方法为：将 k 维波谱曲线 x 综合成尽可能少的 p 维变量 x'（$p<k$），目标是新的综合变量既充分反映原始波谱曲线的信息，又彼此不相关。不相关性通常利用方差确定。之后建立该综合变量 x' 与成分含量 y 的回归模型。

4.2.3　多元逐步回归法（SMLR）

多元逐步回归法（Stepwise Multiple linear Regression，SMLR）基本思路是将全部变量按照重要性逐步导入回归方程，利用 F 统计量选择或剔除自变量，建立回归方程。建模方法为：分析过程中，使用 F 显著水平值作为逐步回归方法的准则，判断波谱数据 x 及其变换形式 x' 与因变量地物成分 y 的关系。

4.2.4　决策树法（DT）

决策树法（Decision Tree，DT）是一种利用概率与图论中的树对决策中的不同方案进行比较，获得最优化方案的方法。建模方法为：通过一系列规则参数对波谱数据 x 分层逐次进行比较归纳，形成特征波谱规则参数。光谱识别分类指标由根节点进入决策树，在每个分支节点对光谱指标值与阈值进行比较，逐步得出特征反射值 x'，建立 x' 与成分含量 y 的回归模型。

4.2.5　流行学习法（ML）

流行学习法（Manifold Learning，ML）能对高维光谱数据进行非线性降维，揭示其流行分布，提取出易于识别的低维光谱特征。建模方法为：构造光谱 x 的领域图 G，计算 x_i 与其余反射率间的欧式距离；根据 Dijkstra 算法计算任意两个反射率之间的最短路径距离 D_G；令 R_p 表示第 p 个特征值，v^i_p 表示第 p 个特征值的第 i 个组分，则第 p 个组分的值为 $\sqrt{R_p v^i_p}$，建立降维后变量与成分含量 y 的回归模型。

4.2.6　BP 神经网络法（BPNN）

BP 神经网络法（Back Propagation Neural Networks，BPNN）分为三层结构，即输入层、隐藏层和输出层。在神经元响应函数连续可微的条件下，利用误差的反向传播建立模型。建模方法为：选取"S"形函数，作为神经元的激活函数，输出为

$$y=f^2[w^2_2 f^1(w^1 x+b^1)+b^2] \tag{4-1}$$

式中，y——地物成分预测值的输出层；

　　x——光谱 x 或光谱特征参数 x' 的输入层；

f^1 和 f^2——隐藏层和输出层的传递函数；

b^1 和 b^2——隐藏层和输出层的偏差；

w^1 和 w^2——隐藏层和输出层的权重。

4.2.7　小波分析法（WA）

小波分析法（Wavelet Analysis，WA）解决了傅里叶方法无法对局部信号频谱特性进行分析的问题。建模方法为：选择二阶 Daubechies 小波函数对地物光谱数据 x 进行小波分析分解，将其转化为小波系数 w_x，对 w_x 采取适宜的方法进行处理和变化生成新的光谱特征值 w_x'，用 w_x' 与地物成分 y 建立模型。

4.2.8　遗传算法（GA）

遗传算法（Genetic Algorithm，GA）是一种通过模拟自然进化过程搜索最优解的方法。建模方法为：对地物波谱曲线 x 多个波段的反射率值进行基于轮盘赌方法的选择，设置交叉概率后，进行反射率值的变异。如果变异后的波谱曲线 x' 符合规则，则停止迭代，否则继续对光谱数据进行变异处理。用 x' 与地物成分 y 建立模型。

第 5 章

树种高光谱鉴别与分类信息提取

本章主要为基础高光谱分析方法，以及常用的监督分类和非监督分类方法。要点有两个：一是将未知光谱与已知光谱库中的光谱进行匹配的方法；二是掌握常用的光谱分类方法。

5.1 树种高光谱鉴别

介绍现有光谱库的概念，并描述如何从感兴趣区中提取波谱信息，然后将其进行彩色合成。使用航空可见光/红外成像光谱仪（CASI）所采集的表观反射率数据，从特定植被的感兴趣区中提取其波谱曲线，并与光谱库中的波谱曲线进行比较，可以分析出其与数据库中哪种类型的植被最相似。

5.1.1 浏览反射率波谱曲线

从高光谱遥感数据中，浏览波谱曲线，具体操作步骤如下：

（1）选择"3_基础高光谱分析演示数据"作为输入文件名，弹出可用波段列表，并列出这 18 个波谱波段的名字。

（2）在可用波段列表对话框中，选择"547.6 nm"。

（3）点击"Gray Scale"单选按钮，然后点击"Load Band"。将灰度影像加载到显示窗口中。

（4）从主影像窗口菜单中选择"Tools→Profiles→Z Profile（Spectrum）"，提取表观反射率波谱曲线。

5.1.2　同光谱库进行比较

浏览影像波谱并同光谱库进行比较，具体操作步骤如下：

（1）在影像上移动缩放指示矩形框，同时查看#1 Spectral Profile 窗口中的波谱曲线，浏览整个影像的表观反射率波谱曲线。

（2）在主影像窗口中，使用鼠标左键点击并拖动缩放指示矩形框或者直接点击鼠标左键，将缩放指示矩形框移动到以所选像素点为中心的区域内。

（3）将从影像中获取的表观反射率光谱曲线同所选波谱库中的波谱曲线进行比较。ENVI 提供了几个不同的光谱库，一般将会使用 USGS 光谱库。

（4）从 ENVI 主菜单中选择"Spectral→Spectral Libraries→Spectral Library Viewer"。

（5）在"Spectral Library Input File"对话框中，点击"Open File"按钮，从 veg_lib/usgs_veg.sli 子目录中，选择 usgs_veg.sli 光谱库文件，点击"OK"。

（6）选择"Select Input File"区域中的 usgs_veg.sli，点击"OK"。

（7）在"Spectral Library Viewer"对话框中，单击每一条光谱，浏览数据。

（8）在主窗口中，将光标放置在感兴趣的农田上，点击右键，选择"Z Profile"。将鉴定这一位置的作物与光谱库里的相似性。

（9）观察这条波谱曲线（图 5-1）：高光谱遥感数据的光谱范围为 394～1 043 nm，反射率为 0～4 800。而 USGS 光谱库的光谱范围为 0.4～2.5 μm，反射率介于 0～1。这是实际项目中经常遇到的问题，不同的传感器的波长范围和反射率值不一致，导致无法进行匹配识别。

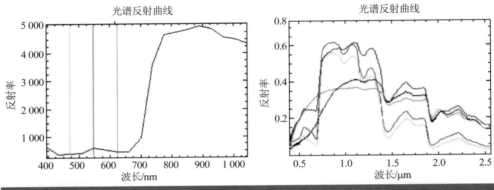

图 5-1　图像上的光谱范围和反射率与光谱库中的不一致

5.1.3　鉴别波谱曲线

波谱曲线可以使用 Spectral Analyst TM 来鉴别。ENVI 提供了一个波谱匹配工具，它根据光谱库中的波谱曲线对影像中的波谱曲线进行评分。光谱分析会使用多种方法产生一个在 0～1 的分数值，其中分数值 1 相当于完全匹配，具体操作步骤如下：

（1）从 ENVI 主菜单中，选择 "Spectral→Spectral Analyst"。

（2）点击 "Spectral Analyst Input Spectral Library" 对话框底部的 "Open Spec Lib" 按钮。

（3）点击 "Spectral Analyst Input Spectral Library" 对话框中的 "usgs_veg.sli"。

（4）点击 "OK"。以这 4 条光谱为标准光谱，检验图上采集的光谱数据最大可能性是何种地物的光谱。

（5）在 "Edit Identify Methods Weighting" 对话框中，点击 "OK"。这里，3 种方法的权重分别为 0、1 和 0，即只采用光谱特征值匹配的方法来鉴定地物。

（6）从主影像窗口菜单中，选择 "Tools→Profiles→Z Profile（Spectrum）"。然后在 #1 Spectral Profile 绘图窗口中点击鼠标右键，从弹出的快捷菜单中选择 "Plot Key"，就会显示出波谱曲线名称的图例。

（7）从主影像窗口菜单中，选择"Tools→Pixel Locator"。

（8）在"Pixel Locator"对话框中，输入像素点的坐标列（sample）12 000、行（line）500，点击"Apply"，即鉴定像素位置（列 12 000，行 500）处的光谱类型。

（9）在"Spectral Analyst"对话框中，选择"Options→Edit Method Weights"。

（10）在"Edit Identify Methods Weighting"对话框中，为每一个 Weight 文本框输入值 0.33，然后点击"OK"。这里，将光谱角方法、光谱特征值匹配和光谱编码 3 种方法的权重设置为一致。

（11）在"Spectral Analyst"对话框中，选择"Options→Edit(x, y)Scale Factors"。

（12）将横坐标数据除以 1 000，纵坐标反射率数据除以 10 000，可以与光谱库里数据进行匹配（图 5-2）。

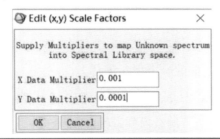

图 5-2　将图像上的波段量纲和反射率值进行校正

（13）在"Spectral Analyst"对话框中，点击"Apply"。如果在#1 Spectral Profile 绘图窗口中显示了多条波谱曲线，那么将会出现一个波谱曲线列表。如果出现了该波谱曲线列表，那么就选择像素（列 12 000，行 500）所对应的那条波谱曲线。点击"OK"。

（14）根据光谱库中的波谱曲线对未知地物的波谱曲线进行评分，显示了对像素的波谱曲线进行鉴别的结果。列表的第一行显示的波谱曲线评分是最高的，这个相对较高的分数值表明了该像素对应的地物波谱曲线与标准光谱最相似。

（15）用鼠标双击列表中的第一条波谱曲线。在同一绘图窗口中，可绘制出未知地物的波谱曲线以及波谱库中的波谱曲线，然后进行比较。

5.2　高光谱遥感影像分类

本节介绍如何使用 CASI 影像数据，完成常规的高光谱遥感影像分类操作处理，比较非监督法和监督法分类后的影像，并对分类结果进行相应的讨论。

5.2.1　加载并查看波谱曲线

使用 ENVI 的"Cursor Location/Value"对话框，来查看显示窗口中的各波谱波段的影像值。要打开一个显示主影像窗口、滚动窗口，或者缩放窗口中光标位置信息的对话框。使用 ENVI 整套的波谱剖面曲线分析工具，来查看数据的波谱特性，具体操作步骤如下：

（1）从 ENVI 主菜单中，选择"File→Open Image File"，接着一个"Enter Data Filenames"文件选择对话框就会出现在屏幕上。

（2）选择进入"1_data"目录，从列表中选择"6_高光谱遥感影像分类演示数据"文件，然后点击打开。接着可用波段列表就会出现在屏幕上。该列表允许选择特定的光谱波段来显示或者进行处理，也可以选择加载一幅灰阶或者 RGB 彩色影像。

（3）在"6_高光谱遥感影像分类演示数据"文件名处，点右键，选择"Load True Color"。

（4）系统将会自动合成一幅真彩色图像，并显示出来。该影像会被加载到一个新的显示窗口中。

（5）从主影像窗口菜单中，选择"Tools→Cursor Location/Value"。或者，在影像显示窗口中双击鼠标左键，触发"Cursor Location/Value"对话框打开和关闭。

（6）在影像上移动光标，并在对话框中查看特定位置的影像数据值。注意影像颜色和数据值之间的关系。

（7）完成后，在"Cursor Location/Value"框中选择"Files→Cancel"，来关闭该对话框。

（8）从主影像窗口菜单栏中，选择"Tools→Profiles→Z Profile（Spectrum）"，开始提取波谱的剖面曲线。

（9）查看先前在彩色影像中用"Cursor/Location Value"对话框分析过的那些区域的波谱剖面曲线。注意影像颜色和波谱形状之间的关系。特别留意一下绘制图中，红、绿、蓝的 3 条垂直线所对应的影像波段的位置。

5.2.2　K-均值分类法

非监督法分类使用统计手段，把 N 维数据归类到它们本身具有的波谱类中。K-均值分类法使用了聚类分析方法，它需要分析员在数据中选定所需要的分类个数，随机地查找聚类簇的中心位置，然后迭代地重新配置它们，直到达到最优化的波谱分类，具体操作步骤如下：

（1）打开"6_高光谱遥感影像分类演示数据"文件，在可用波段列表中，点击"Gray Scale"单选按钮，再点击列表顶部的波段名，并在"Display"下拉式菜单按钮中，选择"New Display"，然后点击"Load Band"。

（2）从主影像显示窗口菜单中，选择"Tools→Link→Link Displays"，然后在对话框中，点击"OK"，链接这两幅影像。

（3）选择"Classification→Unsupervised→K-Means"，执行非监督分类法。

（4）在"Classification Input File"选择"6_高光谱遥感影像分类演示数据"，点击"OK"。

（5）分类数量选择 5，其他参数选择默认值，设置保存路径，把结果存放到"结果图"文件夹中，命名为"6_高光谱遥感影像分类演示数据_Kmeans"，点击"OK"。

（6）选择分类后的波段数据 K-Means，在 Display #2 窗口中，点击"Load Band"显示。

（7）使用鼠标左键，在影像上点击并拖动动态叠加显示区域，将 K-Means 分类结果同原始的彩色合成影像进行比较。

（8）当处理完成后，选择"Tools→Link→Unlink Display"，关闭动态链接。

5.2.3　IsoData 分类法

IsoData（迭代自组织数据分析技术）非监督分类法将计算数据空间中均匀分布的类均值，然后用最小距离规则将剩余的像元进行迭代聚合。每次迭代都重新计算均值，且根据所得的新均值对像元进行再分类。这一处理过程持续到每一类的像元数变化少于所选的像元变化阈值或者达到了迭代的最大次数。

（1）选择"Classification→Unsupervised→IsoData"，执行非监督分类。

（2）在"Classification Input File"选择"6_高光谱遥感影像分类演示数据"，点击"OK"。

（3）在"ISODATA Parameters"对话框中，将最大分类数改为 5 个，其他参数默认。把结果保存到"结果图"，命名为"6_高光谱遥感影像分类演示数据_ISODATA"，点击"OK"。

5.2.4　监督分类法

监督分类法需要用户选择作为分类基础的训练样区。我们将使用各种监督分类法，并对它们进行比较，确定单个具体像素是否有资格作为某类的一部分。ENVI提供了多种不同的监督分类法，其中包括了平行六面体法（Parallelepiped）、最小距离法（Minimum Distance）、马氏距离法（Mahalanobis Distance）、最大似然法（Maximum Likelihood）、波谱角法（Spectral Angle Mapper）、二值编码法（Binary Encoding）以及神经网络法（Neural Net）。分析处理的分类结果采用每个分类法默认的分类参数，使之生成自己的类，然后对分类结果进行比较。

运行监督分类法具体操作是：从 ENVI 主菜单中，选择"Classification→Supervised→[method]"。在这里，"[method]"是下拉菜单中所列的某个监督分类法（即 Parallelepiped、Minimum Distance、Mahalanobis Distance、Maximum Likelihood、Spectral Angle Mapper、Binary Encoding 或者 Neural Net）。使用下面所描述的两个方法之一来选择训练样区，它也可以被称为感兴趣区（ROIs）。

5.2.5　创建感兴趣区

创建自己的感兴趣区的具体操作步骤如下：

（1）从主影像窗口菜单栏中，选择"Overlay→Region of Interest"。接着对应显示窗口的"ROI Tool"对话框就会出现在屏幕上。

（2）在主影像窗口中，绘制出一个多边形，该多边形代表了新创建的感兴趣区。要完成这一步，请按下面的步骤进行。

（3）在主影像窗口中，点击鼠标左键，建立感兴趣区多边形的第一个点。再次点击鼠标左键，按顺序选择更多的边线点，点击鼠标右键来闭合该多边形。

点击鼠标中键可删除最新定义的点。再一次点击鼠标右键，固定多边形的位置。通过选择"ROI Controls"对话框顶部相应的单选按钮，感兴趣区也可以在缩放窗口和滚动窗口中被定义。

（4）在图像左上角，有树木的地方，画一个三角形，并将"ROI Name"改为"树木"，颜色改为深绿色（图 5-3）。

图 5-3　建立一处为"树木"的感兴趣区

（5）单击"New Region"，添加一类新的地物。名字为"建筑物"，颜色为蓝色。图上选一处建筑物（图 5-4）。

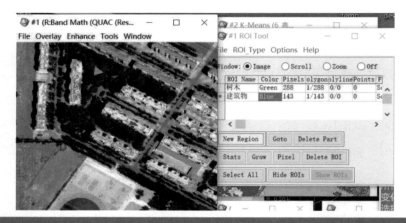

图 5-4　新建一处为"建筑物"的感兴趣区

（6）单击"New Region"，添加一类新的地物。选一处道路，画一个三角形，并将"ROI Name"改为"道路"，颜色改为黄色。

（7）单击"New Region"，添加一类新的地物。选一处运动场，画一个三角形，并将"ROI Name"改为"运动场"，颜色改为红色。

（8）单击"New Region"，添加一类新的地物。选一处草地，画一个三角形，并将"ROI Name"改为"草地"，颜色改为青色。

（9）保存这些已知的光谱数据。在"#1 ROI Tool"窗口中，点击"File→Save ROIs"。

（10）将这 5 条光谱数据全部选中，保存到"1_data"目录下，命名为"8_监督数据"。

5.2.6　平行六面体分类法

平行六面体分类法是用一条简单的判定规则对多光谱数据进行分类，判定边界在影像数据空间中是否形成了一个 N 维的平行六面体。平行六面体的尺度是由标准差阈值所确定的，而该标准差阈值则是根据每种所选类的均值求出的。使用上面所描述的"8_监督数据"感兴趣区文件，生成自己的分类影像，具体操作步骤如下：

（1）选择"Classification→Supervised→Parallelepiped"。

（2）选择"6_高光谱遥感影像分类演示数据"，点击"OK"

（3）选取所有样本光谱数据，将文件存储到"结果图"目录下，命名为"6_高光谱遥感影像分类演示数据_平行六面体"，规则影像不输出。

（4）点击"OK"，得到分类结果图。

5.2.7　最小距离分类法

最小距离分类法使用每个感兴趣区的均值矢量，来计算每一个未知像元到每一类均值矢量的欧氏距离。除非用户指定了标准差和距离的阈值（在这种情况下，如果有些像元不满足所选的标准，那么它们就不会被归为任何类），否则所有像元都将分类到感兴趣区中最接近的那一类，具体操作步骤如下：

（1）选择"Classification→Supervised→Minimum Distance"。

（2）选择"6_高光谱遥感影像分类演示数据"，点击"OK"。

（3）选取所有样本光谱数据，将文件存储到"结果图"目录下，命名为"6_高光谱遥感影像分类演示数据_最小距离"，规则影像不输出。

（4）点击"OK"，得到分类结果图。

5.2.8　马氏距离分类法

马氏距离是一个方向灵敏的距离分类器，它分类时将使用统计信息。马氏距离分类法与最大似然分类法有些类似，但是它假定了所有类的协方差都相等，所以它是一种较快的分类方法。除非用户指定了距离的阈值（在这种情况下，如果有些像元不满足所选的标准，那么它们就不会被归为任何类），否则所有像元都将分类到感兴趣区中最接近的那一类，具体操作步骤如下：

（1）选择"Classification→Supervised→Mahalanobis Distance"。

（2）选择"6_高光谱遥感影像分类演示数据"，点击"OK"。

（3）选取所有样本光谱数据，将文件存储到"结果图"目录下，命名为"6_高光谱遥感影像分类演示数据_马氏距离"，规则影像不输出，点击"OK"。

（4）点击"OK"，得到分类结果图。

5.2.9　最大似然分类法

最大似然分类法是假定每个波段中每类的统计都呈正态分布，并将计算出给定像元属于特定类别的概率。除非选择一个概率阈值，否则所有像元都将参与分类。每一个像元都被归到概率最大的一类中（也就是最大似然），具体操作步骤如下：

（1）选择"Classification→Supervised→Maximum Likehood"。

（2）选择"6_高光谱遥感影像分类演示数据"，点击"OK"。

（3）选取所有样本光谱数据，将文件存储到"结果图"目录下，命名为"6_高光谱遥感影像分类演示数据_最大似然"，规则影像不输出，点击"OK"。

（4）点击"OK"，得到分类结果图。

第6章

渔业水环境高光谱信息提取

本章从水体高光谱特性出发，结合高光谱遥感航空测量和地面测量的实例，分别叙述了地面数据的处理方法和机载数据的预处理方法。同时，在此基础上，介绍了 6 种适用于渔业水环境信息提取的方法，并对这 6 种方法进行了定性和定量的精度评价。

6.1 水体遥感与信息提取原理

6.1.1 水体光谱特征

对水体而言，水的光谱特征主要是由水本身的物质组成决定，同时受到各种水状态的影响。在可见光波段 0.6 μm 之前，水的吸收少、反射率较低、大量透射。其中，水面反射率约为 5%，并随着太阳高度角的变化呈 3%～10%的变化；水体可见光反射包含水表面反射、水体底部物质反射及水中悬浮物质（浮游生物或叶绿素、泥沙及其他物质）反射三方面的贡献（图 6-1）。

清水在蓝-绿光波段反射率为 4%～5%，在 0.6 μm 以下的红光部分反射率为 2%～3%，在近红外、短波红外部分几乎吸收全部的入射能量，因此，水体在这两个波段的反射能量很小。这一特征与植被和土壤光谱形成十分明显的差异，因此，水体在这两个波段的反射能量很小。这一特征与植被和土壤光谱形成十分明显的对比，因而在红外波段识别水体是较容易的。

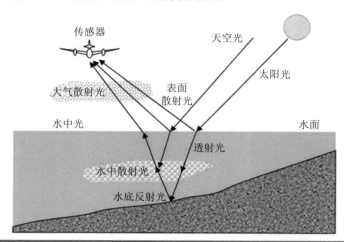

图 6-1 电磁波与水体的相互作用

分析电磁波与水体相互作用的辐射传输过程可知，到达水面的入射光 L 包括太阳直射光和天空散射光，其强度与水面粗糙度、水面漂浮物等有关。其余的光经折射、反射、衍射形成水中散射光，其强度与水体悬浮粒子的浓度和大小有关。衰减后的水中散射光部分到达水体底部形成底部反射光，强度与水深呈负相关。水中散射光的向上部分及浅水条件下的底部反射光共同组成水中光，称为离水辐射。因此，水体遥感传感器探测的信息由三部分能量组成：

$$L = L_{w} + L_{s} + L_{p} \tag{6-1}$$

式中，L_{w} ——离水辐射；

L_{s} ——水面反射光；

L_{p} ——天空散射光。

它们是波长、高度、入射角和观测角的函数。L_{w} 和 L_{s} 包含水的信息，可以通过高空遥感手段探测到相关信息，从而获得水色、水温、水面形态等信息，并由此推测有关浮游生物、水体质量及水面风浪等有关信息。

较纯净的水体对 0.4～2.5 μm 波段的电磁波的吸收明显高于绝大多数其他地物。在可见光波段内，水体中能量-物质相互作用比较复杂，光谱反射特性主要来自三方面：水的表面反射、水体底部物质的反射和水中悬浮物质的反射。光谱吸收和透射特性不仅与水体本身的性质有关，还明显地受到水中各种类型和大小的物质——有机物和无机物的影响。在近红外和中红外波段，水体几乎吸收了全部的能量。纯净的自然水体在近红外波段近似于黑体，因此，较纯净的自然水体反射率很低，几乎趋近于 0（图 6-2）。

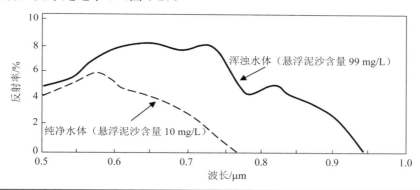

图 6-2　可见光-近红外波段范围的纯净水体和浑浊水体的反射光谱

6.1.2　水体环境遥感信息研究

根据水体光谱特征，对水体环境进行遥感手段的信息提取。水体的光谱特性是由其中的各种光学活性物质对光辐射的吸收和散射性质所决定。遥感获取水质参数的方法是通过分析水体吸收和散射太阳辐射能形成的光谱特征实现的。透射地球大气的太阳辐射到达水气界面时，一部分被反射，一部分折射进入水体内部，这部分入射光在水面下被多种分子选择吸收和散射。水体中影响光谱反射率的物质主要有 3 类：叶绿素（各种藻类）、悬浮物（有机碎屑及底泥悬浮产生的无机悬浮颗粒）、黄色物质（黄腐酸和腐殖酸等溶解性有机物）。其中，悬浮物对光不发生明显吸收，叶绿素和黄色物质选择性吸收一定波长范围的光，形成特征吸收波谱。

通过分析可知，3 类物质对光的散射可以改变光的传播方向，其后向散射光与水底反射光一起返回水面，通过水气界面回到大气中，传感器接收的水体信息就是这部分信息。由于各组分及其含量的不同造成水体吸收和散射的变化，这使一定波长范围反射率显著不同，这是定量估计水体环境信息的理论基础。通过水体环境遥感信息评价水体组分含量一般的方法有物理模型、经验模型和半经验模型 3 种。

（1）物理模型。

物理模型方法是根据水体中光场的理论模型来确定水体组分吸收系数、后向散射系数与表面反射率的关系，从而得到水体中各组分的含量。水体表面下的辐照度比值与吸收系数和后向散射系数之间的关系为

$$R(0,\lambda) = f\frac{b_b(\lambda)}{a(\lambda) + b_b(\lambda)} \quad （6\text{-}2）$$

式中，$R(0,\lambda)$——水表面波长为 λ 时的向上辐照度与向下辐照度的比值；

$a(\lambda)$——波长为 λ 时的吸收系数；

$b_b(\lambda)$——波长为 λ 时的后向散射系数；

f——可变参数。

$a(\lambda)$ 和 $b_b(\lambda)$ 是水体各组分的线性和，即

$$a(\lambda) = a(\lambda)_{(W)} + a(\lambda)_{(C)} + a(\lambda)_{(X)} + a(\lambda)_{(Y)} \quad （6\text{-}3）$$

$$b_b(\lambda) = b_b(\lambda)_{(W)} + b_b(\lambda)_{(C)} + b_b(\lambda)_{(X)} \quad （6\text{-}4）$$

式中，$a(\lambda)_{(W)}$——纯水在波长为 λ 时的吸收系数；

$a(\lambda)_{(C)}$——叶绿素在波长为 λ 时的吸收系数；

$a(\lambda)_{(X)}$——悬浮物在波长为 λ 时的吸收系数；

$a(\lambda)_{(Y)}$——黄色物质在波长为 λ 时的吸收系数；

$b_b(\lambda)_{(W)}$——纯水在波长为 λ 时的后向散射系数；

$b_b(\lambda)_{(C)}$——叶绿素在波长为 λ 时的后向散射系数；

$b_b(\lambda)_{(X)}$——悬浮物在波长为 λ 时的后向散射系数。

这里，黄色物质（Y）的后向散射系数可以忽略不计。

因此，在已知 3 种物质的散射系数和吸收系数的情况下，可以根据其浓度模拟出不同组分水体的地面反射光谱。反之，在已知不同波段的地面反射率时，通过建立线性方程组，就可以求出相应的 X 值、Y 值、C 值。把不同的 X 值、Y 值、C 值输入后计算辐射亮度值，通过求解传感器测得的辐亮度值与模型推导的辐亮度值得到差值 x^2，可用以下公式表示

$$x^2 = \sum_\lambda (L_{sat} - L_{mod})^2 \tag{6-5}$$

式中，L_{sat}——传感器测得的辐亮度值；

L_{mod}——模型模拟出的辐亮度值。

不断地调整 X 值、Y 值、C 值，使 x^2 最小，这时 X 值、Y 值、C 值就是所求的水质参数值。

物理模型方法对水体环境进行遥感反演的主要优势是：各参数物理意义明确、适用性强、不需要现场大量的实测数据。主要缺点是：模型建立之初需要基础数据较多、对固有光学参数的测量需要很高精度的设备和环境条件。

（2）经验模型。

经验模型是根据经验或遥感波段数据和地面实测数据的相关性统计分析，选择最优波段或波段组合数据与地面实测水体数据，通过建立传感器测量值与地面实测的水体参数之间的统计关系来计算水体环境参数值。常用的波段比值方程是

$$C = a\left(\frac{L_u(\lambda_i)}{L_u(\lambda_j)}\right)^b + \gamma \tag{6-6}$$

式中，C——水体参数（叶绿素浓度、悬浮物浓度或黄色物质浓度）；

$L_u(\lambda_i)$ 和 $L_u(\lambda_j)$——波段 λ_i 和波段 λ_j 的反射率或辐亮度值；

a、b 和 γ——回归方程系数。

经验模型多用于多光谱遥感数据提取水体环境信息，例如采用 TM 数据可以建立多种多样的波段组合关系，研究表明，通过建立 TM 波段组合与水体参数的相关关系，可以得出，透明度与第一主成分、总氮与 TM2/TM1、总磷与 TM1+TM2、悬浮物与（TM3+TM4）/（TM1+TM2）、溶解性有机氧与（TM1-TM2）/TM1、生化需氧量与 TM2/TM3、叶绿素浓度的对数 lg（C）与 lg（TM1/TM2）、悬浮物浓度的对数 lg（S）与 lg（TM2）高度相关。

采用经验模型对水体环境进行遥感反演的主要优势是：简单易用、适当的波段组合能建立相对复杂的回归方程。主要缺点是：模型受地区和时间的限制，不具备通用性；需要大量的实时水体采样数据作为基础；很难完成不同误差源所产生的系统敏感性分析。

（3）半经验模型。

半经验模型是根据机载成像或非成像高光谱光谱仪测量技术的应用而发展起来的。半经验模型是由光谱特征来选择估算水体参数的最佳波段或波段组合，然后用合适的数学方法建立遥感数据与水体环境参数之间的定量经验性算法。在分析水体参数的光学特征的基础上，将已有信息与统计模型相结合，这种方法兼顾到水体组分的光学特性和实测数据两个方面，提高了反演模型的精度。

研究得出，叶绿素浓度与光谱反射比 R_{705}/R_{678} 具有很好的线性相关性，而藻类叶绿素浓度与光谱反射比 R_{705}/R_{675} 有很好的线性拟合度。

半经验模型的关键是对遥感数据进行适当的统计分析，得出水体环境的评价值。常用的统计方法有线性回归、多元线性回归、逐步多元线性回归、对数线性回归、聚类分析、多项式回归、贝叶斯分析、灰色系统理论和主成分分析。

6.1.3　水体信息提取方法

基于遥感影像提取水体界线，主要是依据水体在多个波段上光谱的不同特征以及其他地物与水体的区别，通过分析水体及背景地物的光谱值，利用单个波段或多个波段组合来提取影像中的水体信息。常用的方法具体如下。

（1）光谱分类法。

根据遥感数据中水体的统计特征变量，进行水体与其他地物的分类。统计特征可以选择光谱角分类、最大似然分类或贝叶斯准则分类等多种方法。

（2）单波段阈值分析法。

纯净水体在近红外和中红外波段范围几乎能吸收全部入射能量，采用阈值分割的方法，可以有针对性地确定水体分割的阈值。单波段阈值分析常用最大类间方差法，把图像直方图用某一灰度值分割成两组，选取使类间方差最大和类内方差最小的灰度值作为最佳阈值。

（3）多波段谱间关系法。

高光谱遥感数据具有纳米级的数十个波段，其包含丰富的光谱信息，不同的波段反映地物不同方面的信息，并可以针对诊断波谱提取特定目标的信息。因此，利用水体在各个波段中不同的光谱响应特征以及多波段的谱间特征，可以提取水体信息。

（4）水体指数法。

水体指数法是根据归一化差异水体指数（NDWI）来计算的方法：

$$NDWI = (GREEN - NIR) / (GREEN + NIR) \tag{6-7}$$

式中，　NDWI——归一化水体指数；

　　　　GREEN——绿光波段；

　　　　NIR——近红外波段。

遥感影像中的水体信息得到加强，非水体信息得到抑制，会使得影像的灰度差异增强，有利于水体的提取。

（5）植被指数法。

根据植被指数在近红外波段和红光波段的差异，通过归一化植被指数，可以将植被提取出来。而水体在这两个波段的变化量很小，灰度值很暗，能和其他地物显著地区别开来。因此，采用适当的阈值，就能够将水体提取出来。

（6）斜率法。

CASI/SASI 数据具有光谱分辨率高、波谱连续的特点，水体与其他地物之间的细微光谱特征差异在遥感数据上有很好的体现。根据某段波长范围内土壤和植被反射率逐渐升高，而水体反射率逐渐降低的特征差异，可以根据斜率法提取水体信息。

$$S = (R_x - R_y) / (x - y) \qquad (6\text{-}8)$$

式中，S——反射率斜率；

R_x 和 R_y——波段 x 和波段 y 的影像反射率值。

若影像上某处的 S 值大于 0，则该像元所属地物类型为水体；若小于或等于 0，该像元则属于其他地物类型。

6.2　数据采集情况

6.2.1　高光谱航空测量

2010 年 10 月 16 日至 11 月 7 日，项目组成员 11 人分成 2 组分别赴测区进行航空高光谱遥感数据测量和地面测量工作。航测总面积约 850 km²，波长范围覆盖 380～2 450 nm。测区测线共设置 31 条，每条测线长度约 47.83 km，线间隔 582.35 m，飞行相对高度 1 km。

6.2.2　地面数据测量

光谱数据采集和分析是遥感监测的基础性工作，目的是为遥感信息提取模型的建立提供依据。工作分为野外光谱试验和实验室光谱试验两部分。前一项工作主要是在测区野外环境下，在光谱数据和非光谱数据采集的基础上进行光谱分析试验。光谱数据采集包括采集地物光谱数据及与其配套的非光谱数据。非光谱数据包括光谱数据的元数据和环境参数测量数据等。后一项工作是在实验室环境条件下，对所采集的光谱数据进行测试，以掌握地物光谱的响应机制。

地物的反射光谱测量使用美国分析光谱仪器公司制造的 ASD Field Spec 便携式光谱仪，该仪器测定的光谱范围为 350～2 500 nm，有 2 151 个光谱通道，光谱分辨率可见光部分（350～1 050 nm）为 3 nm。地物测量时，每一个测点不少于 10 条，且测量时间至少跨越一个波浪周期，以修正因测量平台摇摆而导致的误差。每一个测点进行 1 组测量，每组测量 10 次。当每完成一次测量时，可根据需要进行一次波长参考板的校准测试。

地面的工作时间为 2010 年 10 月 23 日至 11 月 8 日。主要进行了三方面的工作：第一，架设 GPS 基站，用以辅助航拍数据的校正；第二，ASD 同步进行野外地面光谱测量；第三，对典型地物进行识别与采集照片。其中，10 月 27 日进行了野外 ASD 地物光谱测量工作，10 月 2 日、3 日和 7 日，分别进行了地面同步黑白布光谱测量工作。共采集地物光谱 27 处（其中地表水 3 处），黑白布光谱 6 处，并整理成"野外高光谱测量记录表"，测点的环境参数包括测点号、实际坐标、光谱编号、测点文件号、地物描述、照片号、测量时间和天气情况（表 6-1）。

表 6-1　野外高光谱测量记录表（示例）

测点号	实际坐标	光谱编号	测点文件号	地物描述	照片号	测量时间	天气情况
GY-1	32°26′36.7″N 105°38′10.0″E 海拔高度：472 m	—	01-10	水体水色为墨绿，无肉眼可见飘浮物，流速缓慢，波纹可忽略不计	285 286 近 287 远	2010-10-27 11：35	晴 无云
GY-2	32°26′36.7″N 105°38′10.0″E 海拔高度：472 m	—	11-20	水体水色透明，可见水底石砾，流速几乎为零，无任何波纹	288 289 近 290 远	2010-10-27 11：36	晴 无云
GY-3	32°26′36.7″N 105°38′10.0″E 海拔高度：472 m	—	21-30	水体发出异味，有大量树枝和落叶飘浮，流速较急，有大量高度约 0.3 m 的波纹	291 292 近 293 远	2010-10-27 11：37	晴 无云

6.3 地面实测光谱数据处理

6.3.1 地面实测光谱反射率计算

野外测量结束后,按照统一的文件命名方式,将数据整理入库。整理入库的数据包括波谱数据、配套的环境数据、说明文档等;同时计算出反射率数据。一般而言,由于地物组成复杂,每个图像像元点对应的地物并不纯粹,它的光谱通常是多种物质光谱的合成,因此,直接从波谱曲线上提取光谱特征不便于计算,还需要进一步对波谱曲线进行处理,来突出光谱的吸收和反射特征。为此,还需要进行归一化处理、光谱微分处理、包络线消除处理等光谱处理。其目的是寻找能反映水文地质指标的特征光谱(或特征波段)。提取水体的数据处理方法为:

(1)反射率获取。

遥感反射率 $R_s(\lambda)$ 的计算方法:

$$R_s(\lambda) = R_p(\lambda)\frac{L_u(\lambda)}{\pi L_d(\lambda)} = \frac{L_u(\lambda)}{E_d(\lambda)} \tag{6-9}$$

式中, $E_d(\lambda)$ ——水表面总入射辐照度;

$R_p(\lambda)$ ——参考板的反射率。

水体的光谱辐射亮度 L_{sw} 在忽略直接反射和水面波痕的情况下,由以下部分组成:

$$L_{sw} = L_w + r \cdot L_{sky} \tag{6-10}$$

由此可得离水辐射亮度 L_w:

$$L_w = L_{sw} - r \cdot L_{sky}$$

式中, r ——水面的反射率,一般取 0.02 左右,受水面粗糙度、观测几何和天空条件制约。

反射率由下式计算得到：

$$R_s(\lambda) = \frac{L_u(\lambda)}{E_d(\lambda)} = R_p(\lambda)\frac{L_w(\lambda)}{\pi L_d(\lambda)} = R_p(\lambda)\frac{L_{sw} - r'L_{sky}}{\pi L_d(\lambda)} \qquad (6\text{-}11)$$

式中，L_w ——离水辐射亮度；

　　　L_{sky} ——天空漫散射光，不带有任何水体信息，必须剔除；

　　　r' ——水-气界面对天空光的反射率，取决于太阳位置、观测几何和风速风
向，$r'=2.1\%\sim5\%$。平静水面 r' 可取 2.2%，在 5 m/s 左右风速的情况
下，r' 可取 2.5%；10 m/s 左右风速的情况下，r' 可取 2.6%～2.8%。

（2）异常光谱点的剔除处理。

在水体光谱测量中，由于受毛细波的太阳直射反射等因素的影响，光谱仪所
接收的总信号波动很大，因此，必须对受到太阳直射、反射影响的曲线进行剔除。
剔除的原则是，剔除所有数值较高的曲线，保留数值较低的曲线，然后进行平均。
选取的方法是，对所采集的数据进行归一化处理。利用水体在 420～750 nm 波段
的平均反射率为归一化点，将各波长处的实测值除以归一化点的值，得出各波长
的归一化反射率值。对波谱数据进行归一化处理有利于减少由于环境遮挡、测量
角度变化等因素影响反射率绝对值大小，便于对不同测量结果进行比较。采用的
公式为

$$R_N(\lambda_i) = \frac{R(\lambda_i)}{\dfrac{1}{n}\displaystyle\sum_{i=420}^{750} R(\lambda_i)} \qquad (6\text{-}12)$$

式中，$R_N(\lambda_i)$ ——归一化后的水体反射率；

　　　$R(\lambda_i)$ ——原始水体的反射率；

　　　n ——420～750 nm 波段的波段数。

（3）光谱测量数据的一阶微分处理。

对野外所采集的反射光谱进行数学模拟，计算出不同阶数的微分来确定光谱
弯曲点及最大、最小反射率的波长位置。在水体实测光谱中，可以确定波长位置、

深度和波段宽度等光谱特征吸收参数。对原始数据进行一阶微分处理，可以去除部分线性或接近线性的环境背景、噪声光谱对目标光谱的影响，对于使用 ASD FieldSpec FR 光谱仪采集的离散型光谱数据，采用下式进行计算：

$$R(\lambda_i) = \frac{R(\lambda_{i+1}) - R(\lambda_{i-1})}{\lambda_{i+1} - \lambda_{i-1}} \tag{6-13}$$

式中，λ_{i+1}、λ_i、λ_{i-1}——相邻波长；

$R(\lambda_i)$——波长 λ_i 的一阶微分反射光谱；

$R(\lambda_{i+1})$ 和 $R(\lambda_{i-1})$——原始数据的反射光谱值。

（4）光谱测量数据的包络线消除处理。

包络线消除法是一种常用的光谱分析方法，它可以有效地突出波谱曲线的吸收和反射特征，并且将其归到一个一致的光谱背景上，使其有利于和其他波谱曲线进行特征数据的比较，从而提取特征波段以便目标地物识别。在本课题的研究中，为了客观分析水体波谱曲线的吸收特征，利用包络线消除技术，将波谱曲线中与目标物质成分密切相关的典型的吸收峰提取出来，用统一的基线来对比每一个吸收峰，从而进行光谱波形的分析研究。

本课题获取了 ASD 所测的 27 组地物点及 6 组黑白布的 DN 值（图 6-3）。经过上述处理过程后，得到下一步遥感数据处理所需要的实测数据（图 6-4）。

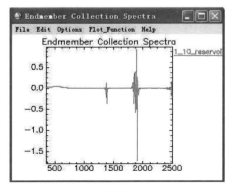

（a）水库

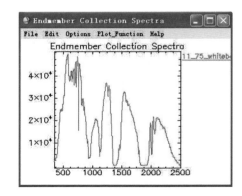

（b）白板

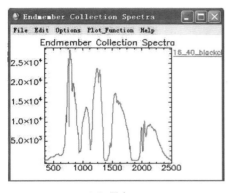

（c）黑布

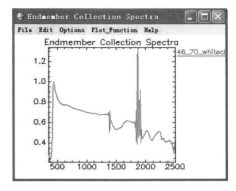

（d）白布

图 6-3　ASD 获取的典型地物反射率

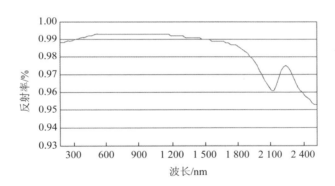

（a）参考板的定标曲线

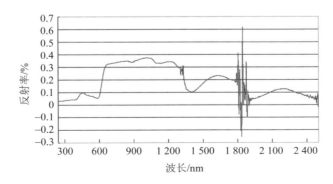

（b）植被反射率曲线

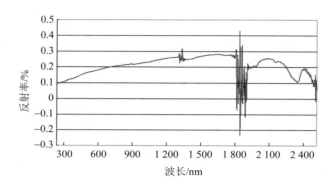

（c）裸露岩体的反射率曲线

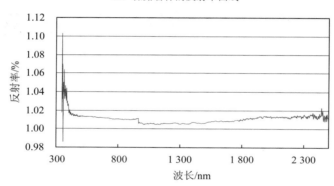

（d）白布的反射率曲线

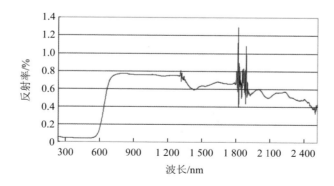

（e）黑布的反射率曲线

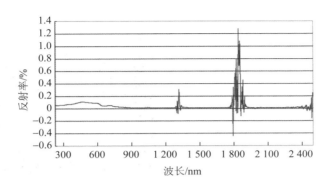

（f）水体的反射率曲线

图 6-4　经过处理并入库的地物波谱数据

6.3.2　地面实测光谱数据库建立

利用 ASD 设备获取数据时，选用研制的"野外高光谱测量信息管理与处理系统"（FSIMP V1.0），可实现数据的系统化管理（图 6-5）。科研人员的科考活动可实现系统化、自动化和规范化的科学管理，在软件分析技术和数据库原理的支持下，研究人员能够提高工作质量和管理水平。

（a）系统主界面

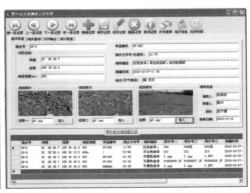

（b）光谱数据录入子系统

 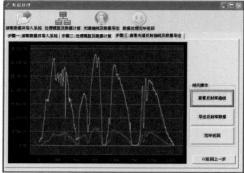

（c）光谱数据处理子系统　　　　　　　（d）绘制高波谱曲线

图 6-5　野外高光谱测量信息管理与处理系统

6.4　航空成像光谱数据预处理

6.4.1　大气校正的原理

上述的光谱实测数据入库后，需要去掉高光谱遥感数据里成像过程中的大气吸收和散射等不利影响，使得实测数据和遥感数据能够进行定量比较。

大气校正的目的是消除大气和光照等因素对地物反射的影响，获得地物反射率、辐射率、地表温度等真实物理模型参数，包括大气中水蒸气、氧气、二氧化碳、甲烷和臭氧等对地物反射的影响，同时消除大气分子和气溶胶散射的影响。大多数情况下，大气校正也是反演地物真实反射率的过程。

高光谱遥感图像反射率光谱反演是将遥感器获得的辐射亮度 DN 值转换为反射率值。高光谱遥感器 CASI 和 SASI 在飞行平台上获取的地物辐射能量值可以表述为

$$L_0(\lambda) = L_{\text{sun}}(\lambda)T(\lambda)R(\lambda)\cos\theta + L_{\text{path}}(\lambda) \tag{6-14}$$

式中，$L_0(\lambda)$——入孔辐射能量；

　　　L_{sun}——大气上层太阳辐射；

　　　$T(\lambda)$——整层大气透过率；

　　　$R(\lambda)$——不考虑地形影响的表观反射率；

　　　θ——太阳高度角；

　　　$L_{\text{path}}(\lambda)$——程辐射。

可见，传感器接收到的辐射是太阳辐射与大气、地物复杂作用的结果。将地物的辐射能量值反演为光谱反射率值考虑了不同大气条件下太阳光谱的变化特性，同时还反映了地物在各个不同光谱波段对不同入射能量的反射率。高光谱遥感图像反射率反演实际上就是通过大气校正来实现的，是对遥感过程中的大气状况进行修正。

6.4.2　大气校正的方法

根据光谱反演的不同理论，大气校正方法有不同类型，主要有 5 类：实地数据采集方法、无线电探空法、黑暗像元法、基于统计学模型的反射率反演和基于辐射传输的大气校正。

（1）实地数据采集方法。

在航拍飞机飞行过境时，利用手持式光谱辐射计进行实地同步地面测量是最好的实地数据采集方式。光谱辐射计在与高光谱遥感系统的相同波谱覆盖范围内必须具有良好的光谱响应。理想情况下，应该使用多个定标后的光谱辐射计在相同的大气条件下同步采集研究区地物的光谱数据。如果条件不满足，应该在遥感系统过境之前或者之后的某天相同时间采集数据。每次现场测量时都应该使用标准参考板对光谱辐射计进行定标。如果对地物样品保存完好，并尽快进行分析，那么在实验室用可控光照条件对其进行光谱测量也是很有价值的。

（2）无线电探空法。

无线电探空仪可以提供大气温度、大气压、相对湿度、风速、臭氧和风向等有价值的信息。采集遥感数据时，最好进行同步测量。

（3）黑暗像元法。

黑暗像元法是一种古老、简单的经典大气校正方法。基本原理是在假设待校正的遥感图像上存在黑暗像元、地表朗伯面反射和大气性质均一，在忽略大气多次散射辐照作用和邻近像元漫反射作用的前提下，反射率很小（近似 0）的黑暗像元由于大气的影响，其反射率相对增加，由此可以认为这部分增加的反射率是大气影响产生的。然后，将其他像元减去这些黑暗像元的像元值，就能减少大气散射对整幅图像的影响，达到大气校正的目的。整个过程的关键是寻找黑暗像元以及黑暗像元增加的像元值。

（4）基于统计学模型的反射率反演。

基于统计学模型的反射率反演的方法主要有平场域法、对数残差法、内部平均法和经验线性法。

①平场域法是选择图像中一块面积大、亮度高且光谱响应曲线变化平缓的区域，利用其平均光谱辐射值来模拟图像获取时大气条件下的太阳光谱。将每个像元的 DN 值与该平均光谱辐射值的比值作为地表反射率，以此来消除大气的影响。

$$\rho_\lambda = R_\lambda / F_\lambda \qquad (6\text{-}15)$$

式中，ρ_λ——相对反射率；

R_λ——像元辐射值；

F_λ——定标点（平场域）的平均辐射光谱值。

使用平场域法消除大气影响并建立反射率光谱图像有两个重要的假设条件：第一，平场域自身的平均光谱没有明显的吸收特征；第二，平场域辐射光谱主要反映的是当时大气条件下的太阳光谱。平场域一般由人工选取，这种方法有两个缺点：第一，不适合大量多条带高光谱遥感数据的处理，因为对于条带长且多的高光谱遥感数据，如果每个条带都需要查找适合的平场域，工作量太大；第二，人工查找有一定的随意性。

②对数残差法是将数据除以波段几何均值，再除以像元几何均值，这样就

可以消除光照、大气传输、仪器系统误差、地形影响和星体反照率对数据辐射的影响。

$$DN_{ij} = T_i R_{ij} I_j \tag{6-16}$$

式中， DN_{ij}——波段 j 中像元 i 的灰度值；

T_i——像元 i 表征表面变化的地貌因子，对确定的像元所有波段都相同；

R_{ij}——波段 j 中像元 i 的反射率；

I_j——波段 j 的光照因子。

对数残差法受数据噪声的影响较大，而且需要假设条件，精度较差。

③内部平均法是假定整幅图像的平均光谱代表了大气影响下的太阳光谱信息，将图像 DN 值与整幅图像的平均辐射光谱值相除，得到的结果为相对反射率。计算为

$$\rho_\lambda = R_\lambda / F_\lambda \tag{6-17}$$

式中， ρ_λ——相对反射率；

R_λ——像元辐射值；

F_λ——整幅图像的平均辐射光谱值。

④经验线性法需要两个以上光谱均一、有一定面积大小的目标，分别代表暗目标和亮目标。假定图像 DN 值与反射率 R 间存在线性关系，可用下式表示

$$DN = kR + b \tag{6-18}$$

实测两个定标点的地面反射光谱值，计算图像上对应像元点的平均辐射光谱。然后，利用线性回归建立起反射光谱与辐射光谱间的相关关系。求出 k、b 后就得到了 DN 值与反射率 R 之间的关系式，然后可以进行像元灰度的反射率反演。

但是，经验线性法对定标物要求较多，限制了其应用。第一，定标物要选择尽可能各向同性的均一地物；第二，定标物在光谱上要跨越尽可能宽的地球反射光谱段；第三，定标点要尽可能与研究区保持同一海拔高度。

（5）基于辐射传输的大气校正。

大气消弱和散射的乘性和加性效应以及太阳光谱形状等的影响可以利用辐射传输模型来确定。基于大气辐射传输理论的光谱反演模型就是基于各种大气校正模型而完成反射率图像反演的模型。包括 5S、6S、LOWTRAN、MODTRAN、ATREM、ACORN、FLAASH 等。

使用 6S 模型时，用表观反射率来表达辐射传输问题。表观反射率的公式为

$$\rho^*(\theta_o, \phi_o, \theta_v, \phi_v, \lambda) = \frac{\pi L_s(\theta_o, \phi_o, \theta_v, \phi_v, \lambda)}{\mu_o E_o(\lambda)} \tag{6-19}$$

$$\mu_o = \cos\theta_o$$

式中，θ_o——太阳天顶角；

ϕ_o——太阳方位角；

θ_v——传感器天顶角；

ϕ_v——传感器方位角；

λ——波长；

L_s——传感器接收的总辐射；

E_o——大气顶层的太阳辐照度。

6.4.3　FLAASH 算法大气校正方法

根据渔业应用需求和高光谱遥感数据的特点，选用基于 MODTRAN4+辐射传输模型的 FLAASH 算法。

（1）FLAASH 算法的特点。

FLAASH 算法大气校正方法在本书中得到了有效的应用。经过 FLAASH 算法校正后，波谱曲线平滑，能较为真实地反映出地物的光谱特征（图 6-6）。

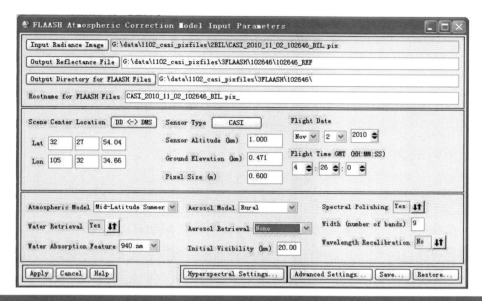

图 6-6　FLAASH 校正参数设置情况

FLAASH 算法的特点有：第一，支持的传感器种类较多，可以通过自定义波谱响应函数来支持更多的传感器，工程化应用价值比较明显；第二，采用的 MODTRAN4+辐射传输模型的算法精度高，任何有关图像的标准 MODTRAN 大气模型和气溶胶类型都可以直接使用；第三，通过图像像素光谱上的特征来估计大气的属性，不依赖遥感成像时同步测量的大气参数数据；第四，可以有效地去除水蒸气/气溶胶散射效应，同时基于像素级的校正，可以矫正目标像元和邻近像元交叉辐射的邻近效应；第五，对由于人为抑制而导致的波谱噪声进行光谱平滑处理。FLAASH 算法得出的结果，除了能够真实地反映出地表反射率外，还可以得到整幅图像内的能见度、卷云和薄云的分类图像、水汽含量数据。

（2）FLAASH 算法的基本原理。

FLAASH 算法是基于太阳波谱范围内（不含热辐射）和平面朗伯体，其在传感器处接收的像元光谱辐射亮度公式为

$$L = \left(\frac{A \cdot \rho}{1 - \rho_e \cdot S} \right) + \left(\frac{B \cdot \rho}{1 - \rho_e \cdot S} \right) + L_{\alpha} \qquad (6\text{-}20)$$

式中，L——传感器像元接收到的总辐射亮度；

ρ——像素表面反射率；

ρ_e——像素周围平均表面反射率；

S——大气球面反照率；

L_{α}——大气后向散射辐射率（大气程辐射）；

A、B——大气条件和几何条件的两个系数。

参数 A、B、S 和 L_{α} 的值是通过辐射传输模型 MODTRAN 的计算获取，需要用到观测视场角、太阳角度、平均海拔高度，以及假设的大气模型、气溶胶类型、能见度范围。空间平均反射率用于计算大气点扩散函数，它是描述地表未处于视线路径上的部分点对目标像素的辐射贡献关系。气溶胶厚度的反演应用暗目标法。

（3）FLAASH 算法大气校正步骤。

FLAASH 算法大气校正分为以下 3 个步骤：

①从图像中获取大气参数，包括能见度（气溶胶光学厚度）、气溶胶类型和大气水汽含量。目前气溶胶算法多是基于图像中的特殊目标，FLAASH 算法中也沿用了暗目标法，故一景图像最终能够获取一个平均的能见度数据。同时，水汽反演算法是基于水汽吸收的光谱特征，其采用了波段比值法，水汽含量的计算在FLAASH 算法中是逐像元进行的。

②获取大气参数后，通过求解大气辐射传输方程来获取反射率数据。

③利用图像中光谱平滑的像元对整幅图像进行光谱平滑运算（图6-7）。

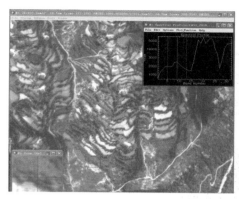

（a）校正前的植被影像

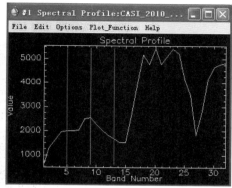

（b）校正前的植被波谱

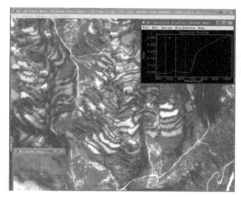

（c）校正后的植被影像

（d）校正后的植被波谱

图 6-7　FLAASH 算法校正前后的影像和植被波谱

6.4.4　FLAASH 算法大气校正的实现

按照下述步骤，可实现水体高光谱遥感数据的辐射校正。

（1）打开 ENVI 软件；加载"1 水体高光谱遥感数据"。

（2）选择 637 nm、551 nm、444 nm 波段，合成真彩色影像。

（3）在主窗体上右键选"Z Profile"，观察光谱数据，发现该数据是辐亮度信息，不是反射率曲线（图6-8）。

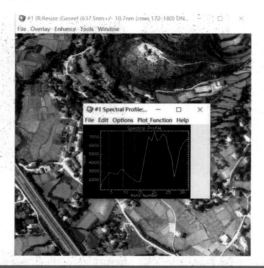

图 6-8　原始数据是辐亮度数据

（4）数据格式转换。由于数据的 BSQ 格式无法进行 FLAASH 运算，通过试验，转换成 BIL 格式也是可以的。BSQ 格式是按波段保存，即保存第一个波段后接着保存第二个波段；BIL 格式是按行保存，即保存第一个波段的第一行后接着保存第二个波段的第一行，依次类推；BIP 格式是按像元保存，即先保存第一个波段的第一个像元，之后保存第二个波段的第一个像元，依次保存。

（5）选择"Basic Tools→Convert Data（BSQ，BIL，BIP）"。

（6）选中"1 水体高光谱遥感数据"，点击"OK"。

（7）选择"BIL"，命名为"2 水体高光谱遥感数据 BIL"，点击"OK"。

（8）辐射校正选择"Spectral→FLAASH"。

（9）选择"Input Radiance Image"。

（10）选择"2 水体高光谱遥感数据 BIL"，点击"OK"。

（11）选择为所有波段都计算比例系数（图 6-9），比例系数设为 1 000.0，点击"OK"。

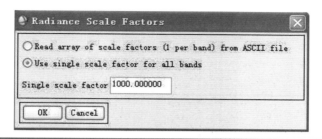

图6-9　比例系数的设置

（12）将反射率数据命名为"3FLAASH"，存放路径为"…\1_data\2_data"，所有文件加头文件"FLAASH_"。

（13）计算图像中心坐标，在主窗口将矩形框放置在中心位置。右键选择"Pixel Locator"。将经纬度依次复制到FLAASH窗体中的"Scene Center Location"处。

（14）传感器类型选择"CASI"、传感器高度设为1.00 km、地面高程设为"0.471 km"、像素分辨率设为"0.773 m"。

（15）输入年月日，输入数据获取时间要减去8小时，以格林威治时间为准。例如，2010年11月3日11时3分49秒，要输为2010年11月3日3时3分49秒。

（16）大气模型为中纬度冬季（这里要根据数据实际情况输入）。水汽校正选择"YES"，水汽吸收波段选择"940 nm"。

（17）气溶胶模型为农场（这里要根据数据实际情况输入）。气溶胶反演选择"None"，大气能见度选择"20 km"。

（18）光谱平滑选择"YES"，9个波段平滑，不进行波长标定。

（19）对校正参数进行保存，方便后续继续使用。

（20）存到"\1_data\2_data"，命名"3FLAASH"，点击"OK"。

（21）全部设置完毕（图6-10），点击"Apply"。

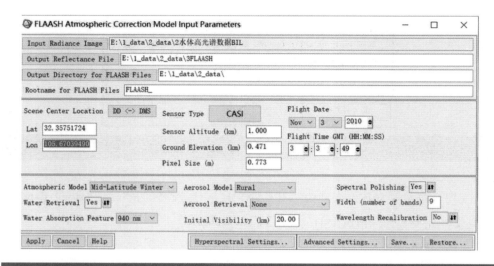

图 6-10　FLAASH 参数设置结果

6.5　6 种高光谱遥感数据提取水体信息试验

6.5.1　光谱分类法

光谱分类法是依据遥感影像上不同地物光谱特征差异，将感兴趣的地物从背景地物中提取出来的一种方法。不同波段的光谱差异，体现在相应波段上反射率的变化。水体在影像上每个像素的反射率应当相对接近，根据水体的统计特征变量，进行水体与非水体的分类，从而实现水体信息的自动提取。

针对高光谱影像常用的光谱分类法有二值编码法、光谱波形匹配法、光谱角度填图法、神经网络法和包络线去除法。二值编码法在处理编码时，容易造成细节光谱的丢失，因此只能用于粗略地分类和识别；光谱波形匹配法是通过计算每个像元矢量与样本光谱矢量之间的相似度，实现特征拟合，以此作为分类依据，这种方法需要大量现场水体光谱数据；神经网络法不仅需要大量可靠的训练数据，而且经常会遇到"同物异谱"的现象；包络线去除法可以有效地突出波谱曲线的吸收和反射特征，并且将其归一到一个一致的光谱背景上，有利于提取特征波段。

本书首先采用包络线算法对图像进行处理，得到突出光谱维特征信息的图像文件，然后使用光谱分析法提取水体的特征波段，最后使用光谱角度匹配法进行水体的识别。

光谱角度匹配法将像元 N 个波段的光谱响应作为 N 维空间的矢量，通过计算其与标准光谱单元之间的夹角来表征其匹配程度。夹角用反余弦表示：

$$\theta = \arccos \frac{\sum_{i=1}^{n} t_i r_i}{\sqrt{\sum_{i=1}^{n} t_i^2} \cdot \sqrt{\sum_{i=1}^{n} r_i^2}}, \theta \in [0, \frac{\pi}{2}] \qquad （6\text{-}21）$$

式中，θ 值越小，t 与 r 的相似性越大。

具体实现操作步骤为：

（1）选择"Classification → Supervised → Spectral Angle Mapper"，选择"3FLAASH"文件，点击"OK"。

（2）在"Endmember Collection：SAM"窗口中，选择"Import → from ASCLL file"，鼠标框选"2_data\5ASD 数据"路径下的 4 条光谱数据，打开。

注：这里选择了野外用 ASD 光谱仪采集的 4 条光谱数据：1_river_REF、2_rock_REF、3_road_REF 和 4_grass_REF，分别对应着河流、岩石、道路和草地光谱数据。

（3）将"Wavelength Units"改为"Nanometers"，点击"OK"（图 6-11）。

（4）右键点击"Color"，依次将四类地物的 ASD 光谱对应的颜色改为 Blue、Yellow、Purple 和 Green，点击"Apply"（图 6-12）。

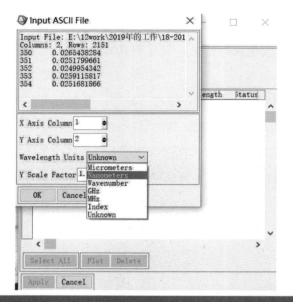

图 6-11 将导入光谱的单位改为纳米

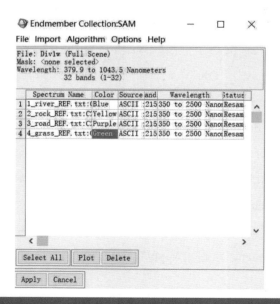

图 6-12 设置 4 种地物的显示颜色

（5）4 类地物都选同一种最大光谱角，输出分类文件到"结果数据"文件夹，命名"ASD_SAM"，规则文件命名为"\ASD_SAM_"，点击"OK"。

注：这里将所有类别都按一个阈值进行分类，选"Single Value"，若要将每一地物类别单独指定阈值，则选"Multiple Values"。

（6）加载"ASD_SAM"文件，查看分类结果（图 6-13）。

图 6-13　采用 ASD 数据实现光谱角分类的结果

6.5.2　单波段阈值分析法

单波段阈值分析法的思路是，由于水体在近红外波段几乎可以吸收全部的入射能量，故利用这一特性，通过阈值分割的方法来确定水体分割的阈值，这样能够较好地将水陆界线提取出来。单波段阈值分析法的关键是确定阈值。假设高光谱影像数据是由物体和背景构成，二者具有不同的灰度值，可以将图像的直方图以某一灰度值为阈值，从而分割要提取的目标信息和背景信息。这里，灰度值应选择使目标与背景的类间方差最大的值为阈值，具体操作步骤如下：

（1）统计参数：由于水体在近红外波段的光谱吸收率很高，便于阈值的确定，因此，统计 760 nm 之后的高光谱遥感数据用于确定单波段提取的阈值选取。例如，

波段 766.3 nm 之后的水体光谱反射率显著低于 0.11，说明在此之后的波段，均有
良好的水体识别区分度（图 6-14）。

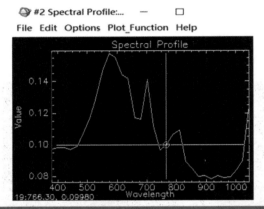

图 6-14　水体光谱反射率在 760 nm 后显著降低

（2）在"Avaliable Bands"窗口中，右键点击"3FLAASH"，选择"Quick Stats..."，
进行快速统计。

（3）选择近红外波段，如 Band 30（图 6-15）。

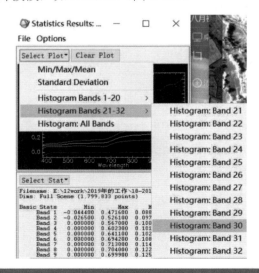

图 6-15　统计近红外波段的单波段统计值

（4）按照数字图像原理，图像上像素最多的是"目标"和"背景"，其表现是在图像直方图上会有两个反射峰。这里，"目标"就是待提取的水体，而"背景"就是非水体，因此，选取阈值应该介于二者之间，即反射率为 0.220 5 即为阈值（图 6-16）。

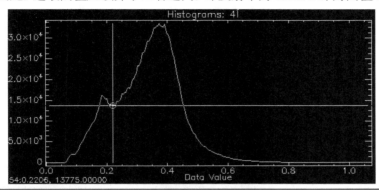

图 6-16　单波段反射率的直方图

（5）加载并浏览 Band 30 数据。

（6）在主显示窗体中，选择"Overlay→Density Slice"。

（7）在"Density Slice"窗体中，选择"Clear Ranges"。选择"Options→Add New Ranges"。区间分别设置为 −0.0033～0.2205 和 0.2206～0.9068，颜色为蓝色和绿色（图 6-17）。

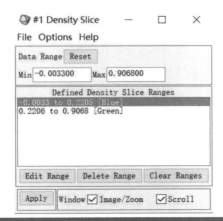

图 6-17　按照单波段阈值进行设置分类效果

（8）得到单波段阈值分割的结果（图 6-18）。

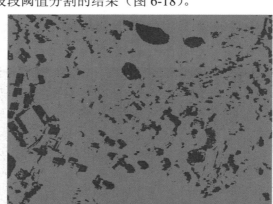

图 6-18　单波段阈值法分割结果

6.5.3　多波段谱间关系法

对于高光谱遥感数据，每个波段都包含了地物特有的某种信息，并适用于不同目标的提取和识别。同理，水体在这些波段中也具有典型的光谱响应特征，多波段谱间关系法就是利用这些波段间的组合关系，通过差异化的提取，实现水体信息的自动提取。根据水体的波谱曲线，制定以下规则：

$$\mathrm{Band_{red}} + \mathrm{Band_{green}} > \mathrm{Band_{nearinfrared}} + \mathrm{Band_{shortwave}}$$

式中，$\mathrm{Band_{red}}$、$\mathrm{Band_{green}}$、$\mathrm{Band_{nearinfrared}}$ 和 $\mathrm{Band_{shortwave}}$ ——分别为红光、绿光、近红外和短波红外波段的反射率值。

只要上述不等式中红光与绿光波段的反射率值之和减掉近红外和短波红外波段的反射率值之和，值大于 0 的像素就可以判定为水体，具体操作步骤如下：

（1）在高光谱多个波段中，依次选出对应的波段，进行波段的加减运算（b1+b2−b3−b4），经过多次试验，b1 选择 551 nm，b2 选择 637 nm，b3 选择 852 nm，b4 选择 1 043 nm 波段，得出的水体提取结果最佳。

（2）主菜单选择 "Basic Tools→Band Math"，在窗体中，输入 "b1+b2−b3−b4"，

点击"Add to list"，点击"OK"。

（3）依次选择对应的波段（图 6-19）。

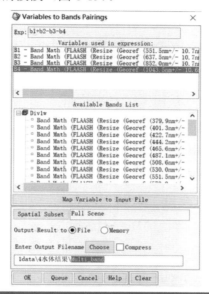

图 6-19　依次对应输入相应的波段

（4）在输出路径中，将结果命名为"Multi_band"，点击"OK"。

（5）得到多波段谱间关系法的结果（图 6-20）。

图 6-20　多波段谱间关系法分类结果

6.5.4　水体指数法

水体指数法是根据归一化差异水体指数（NDWI）来计算的方法：

$$NDWI = (GREEN - NIR) / (GREEN + NIR)$$

式中，　NDWI——归一化水体指数；

　　　　GREEN——绿光波段；

　　　　NIR——近红外波段。

遥感影像中的水体信息如果得到加强，非水体信息得到抑制，会使影像的灰度差异增强，有利于水体的提取，具体操作步骤如下：

（1）在高光谱多个波段中，依次选出对应的波段，进行波段的运算（b1–b2）/（b1+b2），经过多次试验，b1 选择 551 nm，b2 选择 916 nm，得出的水体提取结果最佳。

（2）主菜单选择"Basic Tools→Band Math"，在窗体中，输入"（b1–b2）/（b1+b2）"，点击"Add to list"，点击"OK"。

（3）依次选择对应的波段。

（4）在输出路径中，将结果命名为"NWVI"，点击"OK"。

（5）得到水体指数法的结果（图6-21）。

图 6-21　水体指数法分类结果

6.5.5　植被指数法

根据植被在近红外波段和红光波段的差异，通过归一化植被指数，可以将植被提取出来。而水体在这两个波段的变化量很小，灰度值很暗，能和其他地物显著地区别开来。采用适当的阈值可以将水体提取出来。

植被指数是一种反映绿色植被相对丰度及其活动特征的无量纲辐射测度，目前已经发展了数十种遥感植被指数模型。这里，鉴于研究区植被覆盖度较高，存在山体阴影和地形差异较大等现象，故选用归一化植被指数（NDVI），通过比值运算，能够减少高光谱影像中很多形式的乘性噪声。归一化植被指数公式为

$$NDVI = (NIR - RED) / (NIR + RED)$$

式中，　NDVI——归一化植被指数；

NIR 和 RED——近红外和红光波段的反射率。

植被指数法具体操作步骤如下：

（1）选取中心波长为 659 nm 的红光波段和中心波长为 873 nm 的近红外波段的反射率来计算 NDVI。这时，近红外波段对叶绿素红端的长波一边有响应，而红光波段对应于叶绿素的最大吸收，然后进行波段的运算（b1–b2）/（b1+b2）。

（2）主菜单选择"Basic Tools→Band Math"，在窗体中，输入"（b1–b2）/（b1+b2）"，点击"Add to list"，点击"OK"。

（3）依次选择对应的波段。

（4）在输出路径中，将结果命名为"NDVI"，点击"OK"。

（5）得到植被指数法的结果（图 6-22）。

图 6-22　植被指数法分类结果

6.5.6　斜率法

在某一个波长区间内，如果波谱曲线能够近似地模拟出一条直线段，则称这条直线的斜率为光谱斜率（童庆禧，2006）。对波谱曲线进行微分或采用数学函数估算整条光谱的斜率，由此得到的高光谱传感器波谱曲线的斜率的方法，被称为微分光谱分析法。该方法最初起源于分析化学，用来去除背景信号和解决光谱重叠问题（Demetriades-Shah，1990）。微分不能产生多于原始光谱数据的信息，但可以抑制或去除无关信息，突出感兴趣信息。与具有较宽结构特征的光谱相比，具有窄结构的光谱可以得到增强。

采用分析化学领域的微分光谱分析法思路，提出高光谱遥感信息提取的斜率法。根据对不同地物波谱曲线进行分析，波长为 551～766 nm 时，建筑物、道路、植被的反射率逐渐升高，水体呈下降趋势（图 6-23）。结合这一差异，确立了水体信息提取的斜率法：

$$S = (R_{766} - R_{551}) / (766 - 551)$$

式中，R_{766} 和 R_{551}——波长 766 nm 和 551 nm 波长处的地物反射率值。

经过微分计算，若 S 值大于 0，则为水体；若 S 值小于等于 0，则为非水体。

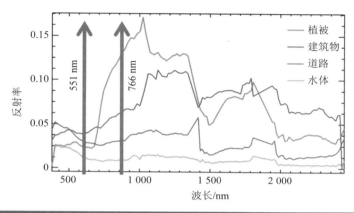

图 6-23 根据光谱特性遴选特征波段

（1）主菜单选择"Basic Tools→Band Math"，在窗体中，输入"（b1–b2）/
（766–551）"，点击"Add to list"，点击"OK"。

（2）依次选择对应的波段。

（3）在输出路径中，将结果命名为"SLOPE"，点击"OK"。

（4）得到斜率法的结果（图 6-24）。

图 6-24 斜率法分类结果

6.6 精度评价与讨论

6.6.1 6 类方法定性对比

上述 6 类方法虽然提取水体的原理和方法不同，但都实现了水体信息的自动提取。"++、+、—、——"四个级别，分别表示提取结果"很好、较好、较差、很差"。6 类方法从边界连续程度、山体本影区分、山体落影区分、与道路混淆程度、与植被混淆程度以及与建筑物混淆程度 6 个方面对水体提取效果进行定性对比分析（表 6-2）。

表 6-2　6 类方法定性对比分析

方法	边界连续程度	山体本影区分	山体落影区分	与道路混淆程度	与植被混淆程度	与建筑物混淆程度	得分
光谱分类法	+	++	++	——	++	—	+4
单波段阈值分析法	+	——	——	++	——	++	−1
多波段谱间关系法	—	——	——	+	——	++	−4
水体指数法	++	++	++	——	++	——	+4
植被指数法	——	—	+	——	+	—	−5
斜率法	++	++	++	+	++	+	+10

按照"+"和"−"抵消的原则，计算 6 类方法的得分情况（图 6-25）。分析得出，6 类方法中，斜率法提取的精度最高，不仅能够获取连续平滑的水体边界，而且与阴影和其他地物类型区分度很好。光谱分类法和水体指数法也效果尚可，只是算法固有的缺陷导致在保持大多数水体精确提取的同时，个别地物无法识别。而单波段阈值分析法、多波段谱间关系法和植被指数法识别效果不佳，得分为负值。值得一提的是，这 3 类方法虽然提取效果一般，但是在个别信息，例如单波段阈值分析法和多波段谱间关系法区分建筑物，而植被指数法区分植被和山体落

影，效果较好。将这些方法的可取之处加以利用，可以达到很好的识别效果。

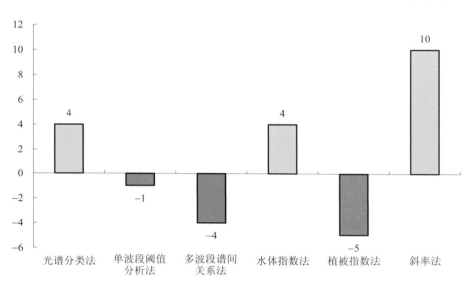

图 6-25　6 类提取方法的定性对比结果

6.6.2　6 类方法定量精度评价

定量评价水体信息提取精度的量值有像元数量误差、像元位置误差、平均精度、生产者精度和用户精度等。原理是将真实水体分布作为底图（水体像素分布面积为 M_1），与多种方法提取的结果图进行叠加（水体像素分布面积为 M_2），确定错分和漏分像元的位置及范围。假设正确提取的水体分布像素数为 S_T，错分像素数为 S_F，漏分像素数为 S_L，其计算公式为

$$S_F = M_1 - M_2$$

$$S_T = M_1 - S_F$$

$$S_L = M_2 - S_T$$

相对应的正确率、错分率和漏分率依次为：正确率$=S_T/M_1$，错分率$=S_F/M_1$，漏分率$=S_L/M_2$。设计精度定量评价表见表 6-3。

表6-3　精度定量评价表

提取结果	实际地物		像素数	使用者精度/%
	水体	非水体		
水体	N_1	N_2	N_1+N_2	$N_1/（N_1+N_2）$
非水体	N_3	N_4	N_3+N_4	$N_4/（N_3+N_4）$
生产者精度/%	$N_1/（N_1+N_3）$	$N_4/（N_2+N_4）$	$N_1+N_2+N_3+N_4$	平均精度 $（N_1+N_4）/（N_1+N_2+N_3+N_4）$

依次计算6种方法的水体提取精度评价结果（表6-4），并绘制它们的平均精度和 Kappa 系数图（图6-26）。可以看出，与定性评价的结论基本一致，斜率法的提取效果最好，其次是水体指数法和光谱分类法。与定性评价差别比较大的是多波段谱间关系法，这种方法虽然目视效果一般，但是提取水体的精度较高。而植被指数法和单波段阈值分析法无论是在定性还是定量评价中，提取水体的效果都不如其他方法高。

表6-4　6种方法的精度定量评价结果

（1）光谱分类法 VS 底图				
提取结果	实际地物		像素数	使用者精度/%
	水体	非水体		
水体	20 895 109	1 405 754	22 300 863	93.70
非水体	127 864	85 615 436	85 743 300	99.85
生产者精度/%	99.39	98.38	108 044 163	平均精度：98.58
				Kappa 系数：0.955 7
（2）单波段阈值分析法 VS 底图				
提取结果	实际地物		像素数	使用者精度/%
	水体	非水体		
水体	20 831 592	5 644 813	26 476 405	78.68
非水体	191 381	81 376 377	81 567 758	99.77
生产者精度/%	99.09	93.51	108 044 163	平均精度：94.60
				Kappa 系数：0.843 1

（3）多波段谱间关系法 VS 底图

提取结果	实际地物		像素数	使用者精度/%
	水体	非水体		
水体	20 762 915	1 891 273	22 654 188	91.65
非水体	260 000	85 127 946	85 387 946	99.70
生产者精度/%	98.76	97.83	108 042 134	平均精度：98.01 Kappa 系数：0.938 3

（4）水体指数法 VS 底图

提取结果	实际地物		像素数	使用者精度/%
	水体	非水体		
水体	20 968 148	1 413 606	22 381 754	93.68
非水体	54 825	85 607 584	85 662 409	99.94
生产者精度/%	99.74	98.38	108 044 163	平均精度：98.64 Kappa 系数：0.957 7

（5）植被指数法 VS 底图

提取结果	实际地物		像素数	使用者精度/%
	水体	非水体		
水体	20 741 911	5 316 441	26 058 352	79.60
非水体	281 053	81 602 942	81 883 995	99.66
生产者精度/%	98.66	93.88	107 942 347	平均精度：94.81 Kappa 系数：0.848 4

（6）斜率法 VS 底图

提取结果	实际地物		像素数	使用者精度/%
	水体	非水体		
水体	20 739 245	216 547	20 955 792	98.97
非水体	283 554	86 801 830	87 085 384	99.67
生产者精度/%	98.65	99.75	108 041 176	平均精度：99.54 Kappa 系数：0.985 2

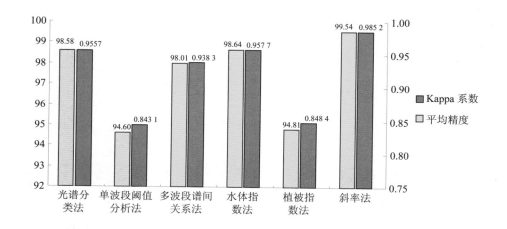

图 6-26　6 类提取方法的定量精度评价结果

第7章

土壤成分含量高光谱建模方法

本章介绍 3 种光谱特征提取的方法，分别是基于机理、基于波段标准差和基于信息熵的方法。以一个土壤有机质含量提取的研究区为例，给出了建模特征波段数据的准备方法、偏最小二乘模型的构建流程，以及最终数字制图的实现方法。

7.1 研究目的和意义

7.1.1 数字化土壤制图与精准农业需求

根据国际土壤学会（IUSS）最新分析，采用遥感、地理信息技术和机器学习理论下的综合制图研究，已经成为现代土壤学研究的重要推动方向。这一领域的推动，将对现代农业管理、科学生产和土地评估等工作产生重要意义。在学术研究范畴，机载高光谱应用于土壤制图和精准农业的实际意义包括：

（1）推动全球、国家和区域全覆盖数字土壤制图工作。

在高光谱应用的初期，为得出土壤养分、元素分布等信息，传统方法是通过点状光谱测量，然后通过插值计算扩展为面状全区的含量估算，插值方法如果选择不当，会带来含量估算的二次误差。机载高光谱遥感在数小时内，就能获取上百平方千米土地的光谱数据；地理空间的连续性以及光谱空间的连续性，为提高光谱学估算精度提供了足够的保证。结合大量理论研究的基础，机载高光谱大大提高了各种尺度上的数字土壤制图工作效率。

（2）形成光谱数据积累，为土壤光谱机理研究提供基础数据。

由于土壤湿度、秸秆含量等因素干扰，目前土壤光谱吸收特征难以从机理上获得解释，而光谱对于土壤信息提取具有指纹效应，是联系土壤遥感理论和应用的桥梁。通过收集、处理和分析土壤的测量光谱，形成能够涵盖多地、多种传感器、多期的土壤光谱和特征参数光谱数据集，基于软件工程技术构建成光谱数据库，在机器学习理论的帮助下，能够发现土壤光谱的作用机理，实现利用高光谱遥感数据通过光谱匹配等技术进行土壤成分快速评估的研究目标。

（3）为土壤成分提取及各类土壤物质间赋存关系提供支持。

机载高光谱遥感在获取光谱数据的同时，采集了高精度的空间数据，使得研究土壤多种成分的空间分布关系成为可能，进而能够计算出物质间赋存和转运关系。直接从土壤光谱中提取稀有元素存在困难，而这种赋存关系的掌握可以为高光谱在这一领域研究的拓展提供技术手段。

7.1.2 基于信息量的高光谱土壤成分预测方法

土壤成分指的是土壤中能直接或经转化后被植物根系所吸收的矿质营养成分，一般包括氮、磷、钾、钙、镁、硫、铁、硼、钼、锌、锰、铜和氯等元素。在土壤成分定量遥感研究领域，高光谱遥感技术一直处于前沿领域。光谱所指示的信息，不仅能够为土壤成分提供快速指示信息，还能在实测数据的基础上建立信息提取模型，因此其是软件研发、仪器研发和土质评价等工作的理论基础。

以卫星光谱为数据源，马驰采用 Landsat 8 OLI 数据研究了吉林北部黑土区的土壤有机质反演技术，表明其 4 波段、5 波段、6 波段光谱倒数与土壤有机质含量具有较高的相关系数，R^2 达到了 0.86。程彬选择 ASTER 遥感影像，通过数理统计模型，计算出土壤有机质含量的诊断波段为波段 2（630～690 nm）和波段 3（760～860 nm）。

随着航空光谱数据的发展，有机质在提取方面取得大量的进展。Daniel Žížala 以 CASI 和 SASI 影像为数据源，研究了高光谱提取土壤有机质含量、黏土含量、铁元素含量和碳酸钙含量的方法，预测精度达到 50%以上，证实了高光谱影像在土壤养分方面的应用价值。Andreas Steinberg 以 HyMap 机载传感器数据为例，研究了高光谱遥感对氮、磷、钾和有机质提取的方法，并对比星载 AHS 传感器的提取结果得出了星载的预测精度低于机载的结论。

土壤成分特征波段研究方面，黑土有机质含量在 710 nm 处相关系数达到−0.83，红壤有机质与 560～710 nm 波段特征吸收面积呈对数关系。在掌握特征峰的基础上，光谱变换方法对有机质含量建模极其敏感，在选取合适的变换波谱作为自变量时，需要进行大量的试验进行验证和评价。在建模方法上，偏最小二乘回归法比多元逐步回归法的预测效果更好。

土壤光谱在可见光-近红外波段范围内反射率普遍较低，特征不显著，且易受水分和秸秆等因素的干扰，故常规的基于监督方法提取光谱特征的方法实用性不强，而非监督的特征提取方法，包括基于信息量、基于投影变换和基于相似度等特征的提取方法更适用于黑土养分的提取。本章以土壤光谱信息量为特征选择依据，对有机质、氮、磷、钾等养分含量进行综合提取，建立一种基于信息量的高光谱土壤成分含量预测方法。

7.2　基于机理的土壤成分特征波段

7.2.1　基于机理的特征波段原理

土壤是由矿物质、有机物质、水、空气和生物体组成的集合体，其波谱曲线是各类物质的比例、分布、组合方式和紧实度等因素作用下的综合函数。同时，根据不同物质跃迁能级差的不同，利用波谱曲线获取其吸收光谱特性，从而得出物质组成的成分含量。

按照合频、一级倍频、二级倍频、三级倍频吸收规律，总结可见光-近红外土壤光谱特性如下：

（1）400～600 nm，土壤吸收率随着波长的增加而快速降低，近似一条直线，在这一区间内，斜率是判断不同土壤类型的关键；

（2）1 400 nm 附近，土壤中水分子的 O—H 官能基在一级倍频处伸缩振动，反映了土壤水分的含量信息；

（3）1 900 nm 附近，土壤中水分子的 O—H 官能基产生伸缩振动和转角振动的合频跃迁，吸光系数约为 1 400 nm 处的 3 倍；

（4）2 200 nm 附近，有机质中的 O—H 官能团在此处产生伸缩振动和转角振动的合频跃迁。

基于机理的黑土养分提取模式分为直接法和间接法。直接法是通过分析养分含量与土壤可见光-近红外反射光谱之间的相关性，通过回归系数确认特征波段。间接法是采用光谱变换后的微分、均方根、倒数等光谱，其相较于原始光谱更适于获取土壤中的各类养分信息的反演，利用组合波段能显著提高这个相关性。

研究表明，基于机理的黑土不同养分光谱响应位置位于400～950 nm，由于氮、磷、钾多与有机质含量密切相关，因此机理上的特征波段也相近（图 7-1）。

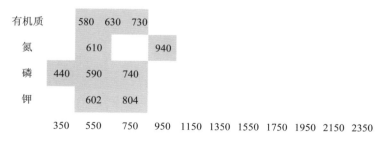

图 7-1　基于机理的土壤不同养分光谱响应位置

（1）有机质主要是在可见光和近红外波段的光谱响应波段（主要位于 400～900 nm），在表面粗糙度较小时，与 600～800 nm 相关性最高。其中，选择 580 nm、630 nm 和 730 nm 所建立的有机质反演模型，精度最高。

（2）土壤中的氮元素绝大多数是以有机态存在的，经过土壤微生物的矿化作用，转化为无机态氮供作物吸收利用。选择 610 nm 和 940 nm 建立的比值模型预测全氮含量精度会较高。

（3）磷元素含量与 pH 相关，机理上 440 nm、590 nm 和 740 nm 处的回归模型，预测精度会较高。

（4）研究全钾含量与反射率相关系数较高且稳定的波段，敏感波段为 602 nm 和 804 nm。

7.2.2　建立机理的特征波段数据集

本节介绍在 Excel 软件辅助下，对野外采样点所对应的图上光谱数据进行采集的方法，具体操作步骤如下：

（1）打开 ENVI 软件，选择"File→Open Image File"，选择"3_data"文件夹下的"CASI 数据"。

（2）在窗体#1 中，选择 "Overlay→Vectors"。接着点击 "File→Open Vector File"。在"Select Vector Filenames"窗体中，选择"全部采样点.evf"文件，打开。

（3）在窗体#1"Vector Parameters"窗口中，"Window"处选择"off"，关闭矢量图层的置顶，方便光谱数据的采集（图 7-2）。

（4）在窗体#1 中，选择"Tools→Profiles→Z Profile（Spectrum）"，打开光谱显示窗口。

（5）在窗体#1 中，将鼠标中心点尽可能放置在 1 号样本点上，得到这个位置的光谱数据（可以在右下角的 Zoom 窗口中放大操作）。

（6）在窗体#1"Spectral Profile"中，选择"File→Save Plot As→ASCLL"，将光谱路径设置为"1 采集光谱数据"，命名为"1 号样本点"，点击"OK"。这样就

生成 1 号样本点的文本文件。为了方便将特征波段提取出来，新建一个 Excel 文件。

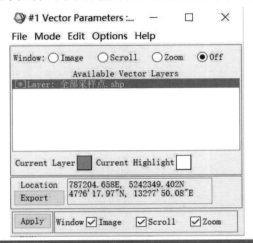

图 7-2　将矢量图层的置顶关闭

（7）新建一个 Excel 文件，点击打开，选择"1 号样本点"，第二步分隔符选择"空格"，第一步和第三步按照默认，点击"完成"。

（8）继续新建一个 Excel 文件，命名为"光谱及含量"。将上一步打开的波段和反射率数据，复制到这个文件中（图 7-3）。

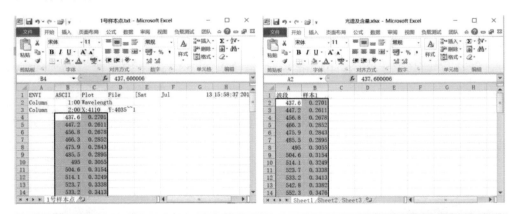

图 7-3　将"1 号样本点"中相应数据复制到"光谱及含量"

（9）重复上述过程，直到将 8 个样本点的数据全部提取出来，生成一个包括 8 个样本点波段和反射率数据的表格（图 7-4）。

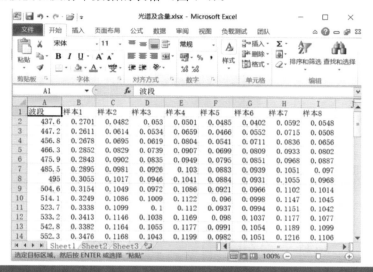

图 7-4　8 个样本点的波段和反射率数据

7.2.3　抽取特征波段

现在全部波段和反射率的数据准备完毕，需要提取基于机理的特征波段。以土壤有机质为例，特征波段是 580 nm、630 nm 和 730 nm。根据 CASI 传感器的波长位置，抽取最接近这 3 个位置的光谱数据即可。

（1）新建一个 Excel 表，命名为"基于机理的光谱数据"。

（2）从"光谱及含量"表中，复制波长为 581 nm 的光谱数据，右键"转置"，复制到"基于机理的光谱数据"表中。

（3）依次复制最接近 580 nm、630 nm 和 730 nm 处的光谱数据，生成基于机理的特征波段（图 7-5）。

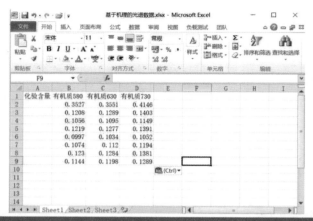

图 7-5 基于机理的 3 个特征波段数据

7.3 基于波段标准差的土壤成分特征波段

7.3.1 基于波段标准差的特征波段原理

高光谱影像每个波段的标准差都反映了土壤反射率随空间的变化程度，标准差越大，反映的黑土养分含量信息越丰富，可以视为最简单的影像信息量值。

这一方法的核心思想是，由于土壤中含有的某些成分使一些波段的标准差发生很大的变化，因此，提取出标准差最大的几个波段，就具有反演含量信息的潜在可能性。计算公式为

$$s^2 = \sum_{i=1}^{n}(DN_i - \overline{DN})^2 / (n-1) \tag{7-1}$$

式中，s^2——波段标准差的平方值；

　　　DN_i——该波段第 i 个像元的反射率值；

　　　$\overline{DN}$——该波段的平均值；

　　　n——该波段的像元数。

通过计算地物光谱每一波段的标准差，选择变异值最大的几个波段作为特征波段，通过这几个波段与地物养分化验数据建模，实现养分含量的预测。选择波段标准差最大的 5 个波段，作为地物养分特征提取的建模波段。

7.3.2　建立波段标准差的特征波段数据集

本节将介绍在 ENVI 软件辅助下，提取出研究区波段标准差最大的前三个波段的方法，具体操作步骤如下：

（1）打开 ENVI 软件，选择"File→Open Image File"，选择"CASI 数据"，打开。

（2）在文件名上，点击右键。

（3）选择"Quick Stats"，将快速统计这个高光谱遥感数据的多个变量信息。

（4）在"Statistics Results"窗口中，选择"File→Save results to text file"。

（5）将文件保存，命名为"波段标准差结算结果"（图 7-6）。

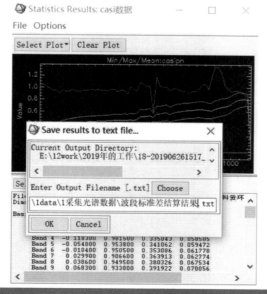

图 7-6　计算高光谱图像的标准差

7.3.3 抽取特征波段

现在需要对标准差结果进行排序，筛选出标准差最大的几个波段。具体操作步骤如下：

（1）新建一个 Excel 文件，选择"波段标准差计算结果.txt"文件。

（2）将表格整理规范，波段标准差是最后一列数据（图 7-7）。

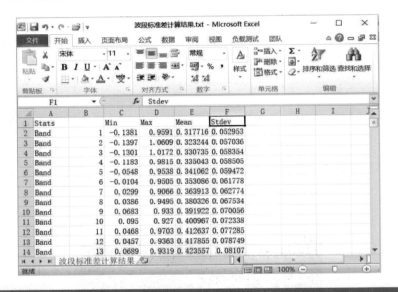

图 7-7　对波段标准差进行排序

（3）对最后一列标准差数据进行从高到低的排序，得出标准差最大的三个波段分别是 57、56、58。关掉这一表格，无须保存。

（4）新建 Excel 表，命名为"基于标准差的光谱数据.xlsx"。

（5）打开"光谱及含量"数据表，找出 57、56、58 波段，复制到"基于标准差的光谱数据"数据表中，生成基于波段标准差的特征波段数据（图 7-8）。

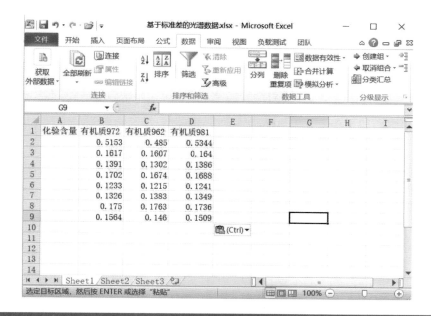

图 7-8　基于波段标准差的三个特征波段数据

7.4　基于信息熵的土壤成分特征波段

7.4.1　基于信息熵的特征波段原理

信息熵是信息论中用于度量信息量的一个理论，通过计算高光谱影像每个像元灰度值出现的概率，来评估该影像波段的信息量值。波段内灰度值的不确定性越大，熵就越大，所蕴藏的信息量也越大。灰度值越有序，信息熵越低；反之，灰度值越混乱，信息熵就越高。总之，信息熵（$H(X)$）即高光谱遥感数据有序化程度的度量。计算式为

$$H(X) = -\sum_{i=1}^{n} p_i \ln(p_i)$$

（7-2）

式中，p_i——高光谱遥感数据一个波段第 i 个像元灰度值出现的概率；

n——这一波段的离散灰度值序号。

通过计算地物光谱每一波段的信息熵值，选择信息熵最大的几个波段作为特征波段，通过这几个波段与地物养分化验数据建模，实现养分含量的预测。

7.4.2　建立信息熵的特征波段数据集

本节将介绍在 ENVI 软件辅助下，如何提取出研究区信息熵最大的前三个波段的方法，具体操作步骤如下：

（1）打开 ENVI 软件，选择"File→Open Image File"，选择"CASI 数据"，打开。

（2）在菜单上，选择"Filter→Texture→Occurrence Measures"，选择"CASI 数据"，点击"OK"。

（3）在"Occurrence Texture Parameters"窗口，只勾选"Entropy"，保存结果数据，命名为"信息熵计算结果"，点击"OK"（图 7-9）。

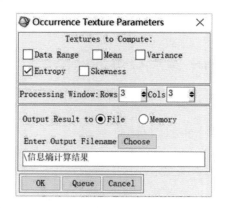

图 7-9　计算信息熵的方法

（4）回到"Available Bands List"窗口，右键点击"信息熵计算结果"，选择"Quick Stats"。

（5）在"Statistics Results"窗口，点击"File→Save results to text file"，文件

命名为"信息熵计算结果 TXT.txt"，点击"OK"。

7.4.3　抽取特征波段

现在需要将信息熵结果进行排序，筛选出信息熵最大的几个波段，具体操作步骤如下：

（1）新建一个 Excel 文件，选择"信息熵计算结果 TXT.txt"文件。

（2）将表格整理规范，这里的均值"Mean"就是每一波段的信息熵的均值，以此作为信息熵值的评判依据。

（3）将"Mean"这一列数据进行从高到低排序，得出信息熵最大的 3 个波段是 57、56、58。关掉这一表格，无须保存（图 7-10）。

图 7-10　对波段信息熵进行排序

（4）得出波段 29、30、33 是熵值均值最高的波段。关闭表格，无须保存。

（5）新建 Excel 表，命名为"基于信息熵的光谱数据"。

（6）打开"光谱及含量"数据表，查找波段 29、30、33 分别是 704 nm、714 nm

和 742 nm。将其复制到"基于信息熵的光谱数据.xlsx"数据表中，生成基于波段信息熵的特征波段数据（图 7-11）。

图 7-11　基于波段信息熵的 3 个特征波段数据

7.5　数据与方法

7.5.1　化验数据

化验数据一般交由专业的土壤成分分析实验室，含量化验结果以 Excel 表的形式返回给高光谱研究人员。当天同步采集表层 0～20 cm 的土样，剔除大的植物残茬、石砾等杂物，置于实验室风干研磨，过 0.15 mm 筛选用于含量测定。有机质采用重铬酸钾容量-外加热法测定。简化实际的化验数据表格，这里只有样本编号和对应的含量数据。浏览化验数据"有机质化验数据.xlsx"表（图 7-12）。

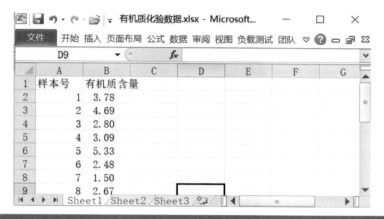

图 7-12　有机质含量的化验结果

7.5.2　算法实现

利用 Unsramble 9.7 软件建立最小二乘回归模型，高光谱波段运算由 ENVI 5.3 的 bandmath 实现。

7.6　建立建模特征波段

从上述地物光谱上，依次提取对应波段的反射率，形成地物成分含量与特征波段的基础建模数据集。有机质建模数据为：{S1：有机质含量→机理 580；机理 630；机理 730}；{S2：有机质含量→标准差 972；标准差 962；标准差 981}；{S3：有机质含量→信息熵 704；信息熵 742；信息熵 714}。具体操作步骤如下：

（1）新建一个 Excel 表，命名为"最小二乘法建模数据"。

（2）按照这种格式，生成建模数据表。列名从左到右依次为样本号、有机质含量以及 3 种方法各自提取的 3 个特征波段反射率数据（图 7-13）。

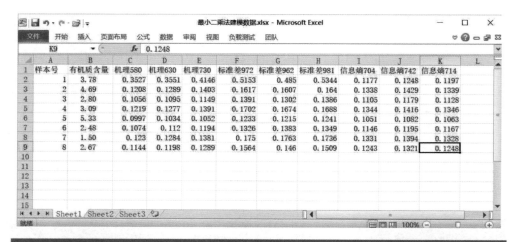

图 7-13　建模数据表

（3）为方便与 The Unscrambler 交互，将这个表中的所有数据选中，点击"Ctrl+A"键，将其复制到写字板内，直接保存为"最小二乘法建模数据.txt"的 ASCII 文本数据（图 7-14）。

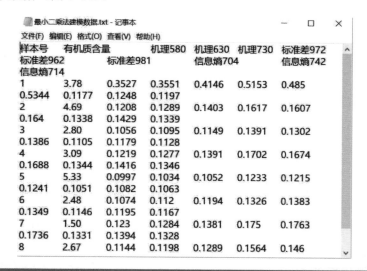

图 7-14　将 Excel 表转化为 ASCII 文本数据

7.7　偏最小二乘回归模型的建立与实现

7.7.1　建模数据准备

采用最小二乘回归模型建立地物养分含量的光谱预测模型，将特征波段转换为偏最小二乘因子，使得训练数据集中相关变量协方差最大化。具体操作步骤如下：

（1）打开 The Unscrambler 软件，在"The Unscrambler Startup"窗口，直接点击"OK"，进入软件。

（2）主界面处选择"File→Import→ASCII"，然后选择"最小二乘法建模数据.xlsx"。

（3）在 Import ASCII 窗口处，将"Wide ASCII（block）"处第一行是变量名称的勾选框选中（图 7-15）。

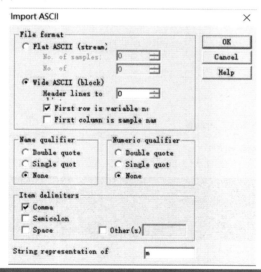

图 7-15　将数据表第一行确认为变量名称

（4）选择菜单"Modify→Edit Set"，设置训练集和预测集。

（5）设置建模集。将 1～6 号样本点设置为建模数据集，用来建立回归模型，将 7~8 号样本点设置为验证集，用以验证模型的精度。选择"Userdefined"和"Sample Sets"，点击"Add"按钮（图 7-16）。

图 7-16　设置用户自定义的建模数据集

（6）在"New Sample Set"窗口中，命名"Name"设置为"建模集"，拖动选择 1~6 号样本点作为建模集，同时设置为建模集（图 7-17），点击"OK"。

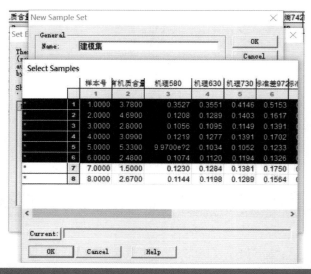

图 7-17　选取建模集的样本

（7）完成建模集的设置。按照同样的方法，将 7～8 号样本点设置为验证集。至此，完成建模集和验证集的数据设置（图 7-18）。

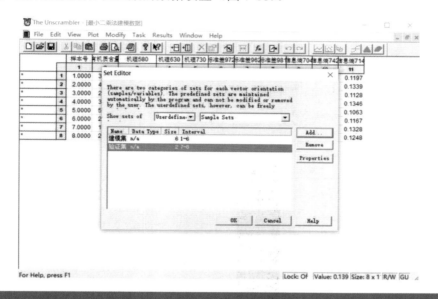

图 7-18　建模集和验证集构建完毕

（8）返回"Set Editor"界面，选择"Userdefined"和"Variable Sets"，点击"Add"按钮，构建变量数据集（图 7-19）。

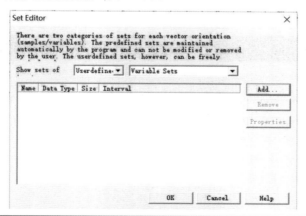

图 7-19　指定含量与建模波段

（9）在"New Variable Set"界面，Name 输入"有机质含量"，Data 处设置为"Non-Spectral"，选择第二列"有机质含量"数据，将其设置为含量数据（图 7-20）。

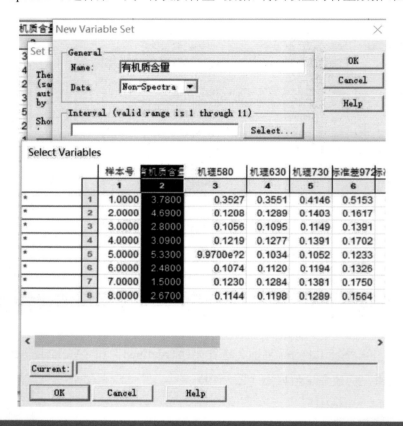

图 7-20　设置含量数据

（10）在"New Variable Set"界面，Name 输入"机理"，Data 处设置为"Spectral"，选择第 3～5 列"机理 580、机理 630、机理 730"数据，将其设置为光谱数据（图 7-21）。

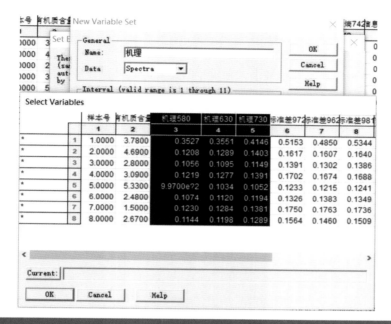

图 7-21　设置光谱数据

（11）至此，生成了有机质含量与基于机理关系的 3 个波段的建模数据（图 7-22）。

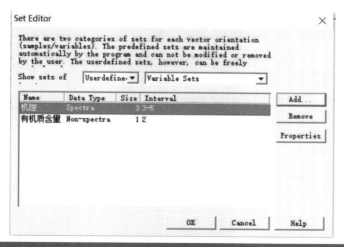

图 7-22　有机质含量与特征波段的数据准备

7.7.2 最小二乘模型的建立

在数据准备好后，开始最小二乘模型的建立。具体操作步骤如下：

（1）选择菜单"Task→Regression"，进入回归模型的建立模块。

（2）在"Regression"窗口，选择"PLS1"作为建模方法，Samples 选页卡选择"建模集"数据建立模型；X 变量选择"机理"；Y 变量选择"有机质含量"（图 7-23）。

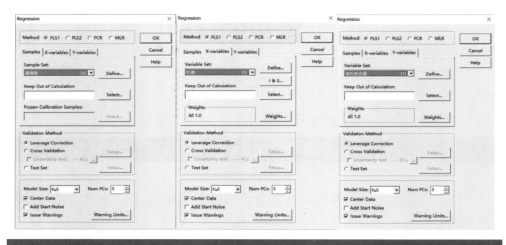

图 7-23　建模数据以及变量数据的定义

（3）设置完毕后，点击"OK"开始模型的构建。这里会提示模型需要交叉验证的对话框，点击"OK"，点击"View"。

（4）通过以上步骤可以计算出基于机理的最小二乘回归模型。图 7-24 中左侧两幅图显示了主成分分量信息，右下角的图显示的是预测数据与实测数据的对比情况，模型的系数在右上角的图中。

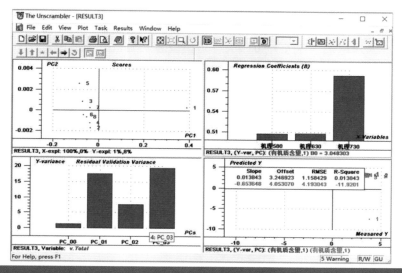

图 7-24　最小二乘回归结果

（5）在模型回归系数图的任意位置，右键选择"View→Numerical"，可以看到每一个特征波段的系数。每一个数字对应着该波段的系数，右下角 B0 代表截距值（图 7-25）。

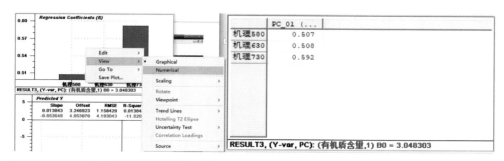

图 7-25　查看模型的回归系数

（6）得到基于机理的建模结果：$Y_{机理}=3.048\,303+0.507X_{机理\,580}+0.508X_{机理\,630}+0.592X_{机理\,730}$。

（7）将这个模型保存，命名为"基于机理的模型"。

（8）按照上述流程，分别建立"基于标准差的模型"和"基于信息熵的模型"。由于样本光谱选取的细微差异可能会导致模型建立的系数各不相同，因此本书建立的模型是

基于标准差的建模结果：$Y_{标准差}=9.744\,070-12.230X_{标准差\,972}-19.924X_{标准差\,962}-14.926X_{标准差\,981}$。

基于信息熵的建模结果：$Y_{信息熵}=21.034\,847-52.873X_{信息熵\,704}-43.861X_{信息熵\,742}-48.067X_{信息熵\,714}$。

7.8　预测结果精度分析

软件提供了模型精度的预测评价功能，能够直观地展示预测集数据与化验集数据的对比情况。具体操作步骤如下：

（1）选择菜单"Task→Predict"，进入模型预测模块。

（2）在"Prediction"窗口，"Samples"选页卡选择"验证集"数据用来进行预测；X变量选择"机理"；Y变量选择"有机质含量"（图7-26）。

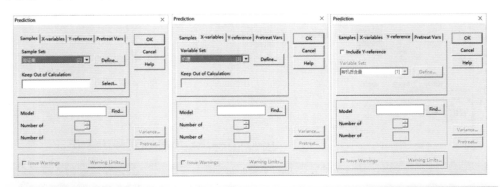

图7-26　验证数据及变量数据的定义

（3）在Model处，点击"Find"，选择"基于机理的模型"，点击"OK"和"View"。

（4）软件将以图和表的形式，给出样本7和样本8的预测结果。有机质含量的预测结果是3.258 mg/kg 和3.244 mg/kg，而在原数据表中，有机质含量是1.500 mg/kg 和2.670 mg/kg，这说明预测模型的精度较低，误差较大（图7-27）。

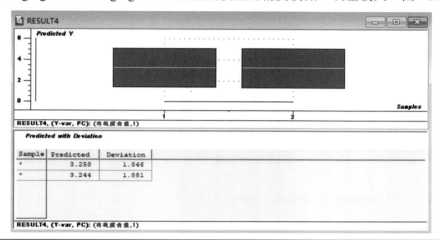

图 7-27　模型对验证数据的计算结果

（5）采用上述流程，对基于标准差的模型和基于信息熵的模型的精度进行评价。

7.9　数字制图的方法

在建立模型的基础上，可以通过波段组合运算，计算出每一个像素点的土壤成分含量值。具体操作步骤如下：

（1）打开 ENVI 软件，选择"File→Open Image File"，选择"3_data 文件夹"下的"CASI 数据"。

（2）选择菜单"Basic Tools→Band Math"。

（3）在"Band Math"对话框中，输入符合ENVI语法规则的计算表达式："3.048303+0.507*b1+0.508*b2+0.592*b3"，点击"OK"（图 7-28）。

图 7-28　建模公式的输入方式

（4）在"Variables to Bands Pairings"窗口中，依次将 b1 选为 581.0 nm，b2
选为 628.6 nm，b3 选为 733.4 nm，文件保存为"基于机理的结果"，点击"OK"
（图 7-29）。

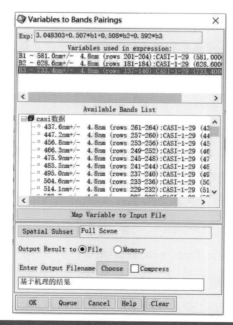

图 7-29　数字制图的波段设置

（5）这样就生成了研究区的有机质含量反演结果图，图中每一个像素的计算值，就是偏最小二乘回归模型运算得出的有机质含量值（图 7-30）。

图 7-30　有机质含量数字制图结果

第8章

农林渔业光谱库的建设

本章分析了农林渔业光谱库建设的需求情况，并进行了系统的设计和数据库的设计。确定了数据库的管理模式，分别对土壤、植被和水体进行了试验，使数据库具有新增、修改、删除、更改光谱信息的功能。在建立模型的基础上，实现了土壤、植被和水体的综合分析，加快了信息提取的速度。

8.1　开发背景与需求分析

结合光谱信息在农林渔业领域中的应用需求，研究制定光谱数据获取、分析和处理的标准光谱数据库，达到高效、快速和准确挖掘光谱蕴含的丰富地物信息，推动光谱遥感定量化应用的目标，不仅能够在未知地物识别上发挥作用，而且在综合环境评价上，尤其是作物估产、定量计算等方面，都具有显著意义。

光谱信息管理是遥感信息管理中十分重要的组成部分，作为遥感科学的基础和机理部分，现有的光谱管理方法弊端较多。光谱数据的入库、统计、汇总工作量极其繁重，处理效率很低，因此无法快速了解多个项目光谱数据采集实际状况，加之缺乏统一的光谱数据管理规范和详细的配套元数据信息，造成了光谱数据可重用性差、科学性低和推广应用价值低等问题。

因此，在农林渔业等领域，如果能够构建相应的光谱数据管理系统，就可以为相关领域的应用人员提供无缝衔接的光谱信息产品。

8.2 系统设计

8.2.1 设计目标

本系统属于中型数据库管理系统，可以对中型地面光谱数据库存进行有效管理。通过本系统可以实现以下目标：

（1）对用户输入的数据，系统可以进行严格的数据检验，尽可能排除人为错误。

（2）灵活的批量录入数据，使信息传递更快捷。

（3）采用人机对话方式，界面美观，数据存储安全可靠。

（4）能够对光谱信息进行有效管理，准确、详细地管理库内光谱信息。

（5）产生强大的光谱分析功能。

（6）实现各种查询，如定位查询、模糊查询等。

（7）实现入库光谱数据的多元分析与统计、光谱处理明细记录等功能。

（8）最大限度地实现了易安装性、易维护性和易操作性。

8.2.2 开发及运行环境

采用面向对象的系统开发策略，实现系统的开发与运行。

（1）系统开发平台：Microsoft Visual Studio 2010。

（2）系统开发语言：C#。

（3）数据库系统：SQL Server 2000。

（4）运行平台：Windows XP（SP2）/Windows Server 2003（SP1）。

（5）运行环境：Microsoft .NET Framework SDK v2.0。

（6）分辨率：最佳效果 1 024×768 像素。

8.2.3 系统功能结构

结合农林渔业专题光谱数据库的应用需求，设计数据管理系统的总体架构（图 8-1）。系统采用客户端层和服务器层结构（C/S）设计，服务器端采用高性能 PC，通过创建数据库并实现必要的数据库服务器方法，为客户端提供数据服务。客户端表现为一个基于图形界面的可视化应用程序，通过通讯协议访问数据库服务器。

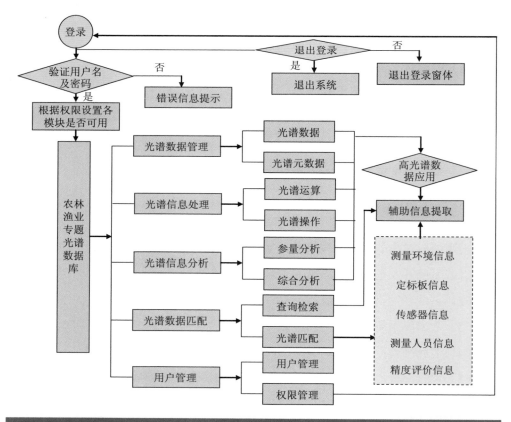

图 8-1 农林渔业专题光谱数据库系统结构

　　系统分为光谱数据管理、光谱信息处理、光谱信息分析、光谱数据匹配和用户管理 5 个子系统，可分别实现典型地物光谱的相应操作功能。在光谱数据匹配系统中，集成了测量环境信息、定标板信息、传感器信息、测量人员信息和精度评价信息等，便于高光谱应用时信息的提取工作。

8.2.4　访问控制策略

　　系统的访问控制策略决定了地面同步数据的安全性，从两个方面设计本系统的安全机制：首先是访问控制，即是否允许用户登录并访问数据库；其次是操作控制，即是否允许用户对数据库进行相应的操作。访问控制通过身份（ID）认证、角色（Role）管理、登录（Login）管理来实现，而操作控制则针对用户的权限管理和审核来实现，操作控制以访问控制为基础。通过访问和操作控制，确保只有授权的用户才能操作系统，而权限管理进一步控制用户的操作范围。

8.3　数据库设计

8.3.1　数据库概念结构设计

　　根据数据库需求分析的结果，可以确定并概括出程序中所包含的实体及实体间的关系，为后续的数据库逻辑结构设计提供指导。通过直观的 E-R 实体关系图对实体进行描述。

　　（1）光谱数据实体。

　　光谱数据实体关系见图 8-2。

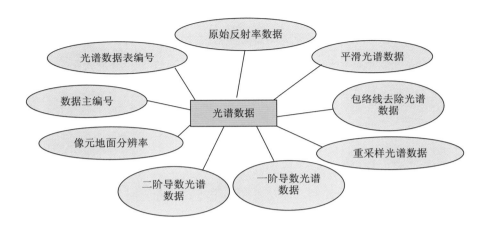

图 8-2 光谱数据实体

（2）测量环境信息实体。

测量环境信息实体关系见图 8-3。

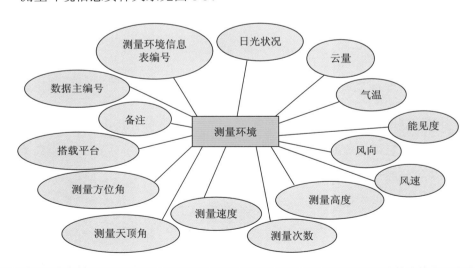

图 8-3 测量环境信息实体

（3）传感器信息实体。

传感器信息实体关系见图 8-4。

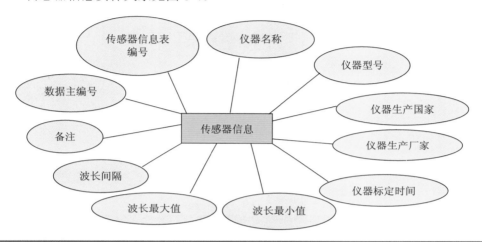

图 8-4　传感器信息实体

（4）定标板信息实体。

定标板信息实体关系见图 8-5。

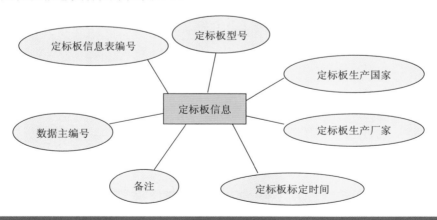

图 8-5　定标板信息实体

（5）测量人员信息实体。

测量人员信息实体关系见图 8-6。

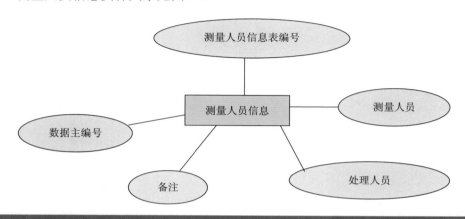

图 8-6　测量人员信息实体

（6）数据库用户信息实体。

数据库用户信息实体关系见图 8-7。

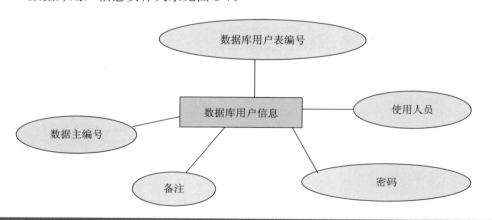

图 8-7　数据库用户信息实体

（7）土壤参数信息实体。

土壤参数信息实体关系见图 8-8。

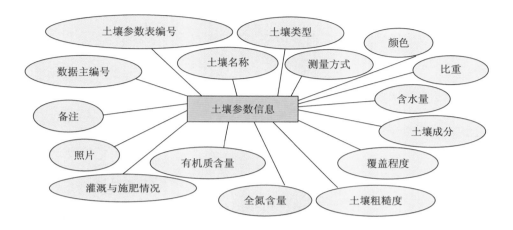

图 8-8　土壤参数信息实体

（8）植被参数信息实体。

植被参数信息实体关系见图 8-9。

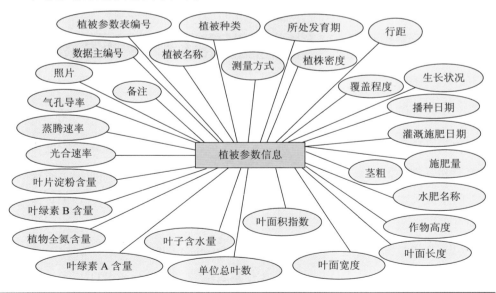

图 8-9　植被参数信息实体

（9）水体参数信息实体。

水体参数信息实体关系见图 8-10。

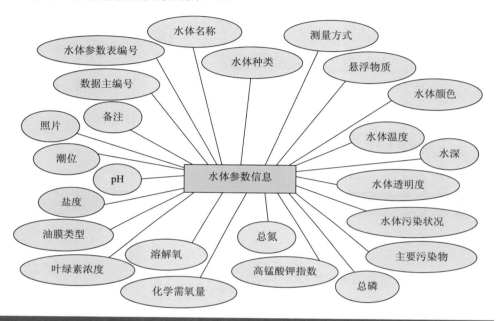

图 8-10　水体参数信息实体

8.3.2　表之间的依赖关系

根据数据规范设计数据库中的每一张表。一般情况下，数据库中所包含的表都不是独立存在的，表与表之间存在一定的依赖关系，数据库中的信息需要满足正常的依赖关系，否则会破坏数据库的完整性和一致性。根据上述 E-R 实体关系图的分析，得出下述依赖关系：

（1）光谱数据表通过光谱数据表编号（SpecData_ID）与光谱主表相关联。

（2）测量环境信息表通过测量环境信息表编号（Condition_ID）与光谱信息主表相关联。

（3）传感器信息表通过传感器信息表编号（Instrument_ID）与光谱信息主表

相关联。

（4）定标板信息表通过定标板信息表编号（Board_ID）与光谱主表相关联。

（5）测量人员信息表通过测量人员信息表编号（Person_ID）与光谱信息主表相关联。

（6）数据库用户表通过数据库用户表编号（User_ID）与光谱主表相关联。

（7）土壤参数表通过土壤参数表编号（Soil_ID）与光谱信息主表相关联。

（8）植被参数表通过植被参数表编号（Plant_ID）与光谱信息主表相关联。

（9）水体参数表通过水体参数表编号（Water_ID）与光谱信息主表相关联。

8.4　光谱数据管理

8.4.1　土壤光谱库

（1）模块概述。

土壤光谱库子系统可以实现土壤光谱数据的综合管理（图 8-11）。其功能包括：①增加光谱、修改光谱信息、删除光谱、退出土壤光谱子系统、光谱基本特征参量分析、导出波段、导出反射率；②光谱类别浏览；③按光谱名称快速查询；④波谱曲线及实物照片、测量环境信息、传感器信息、定标板信息、测量人员信息；⑤波谱曲线浏览；⑥实物照片浏览；⑦光谱基本信息查看；⑧所有库中光谱总览；⑨光谱数据统计。

（2）波谱曲线及实物照片浏览。

通过点选库中的光谱数据，实现波谱曲线和实物照片的同步显示。同时，该波谱曲线的测量环境信息、传感器信息、定标板信息和测量人员信息同步更新显示（图 8-12）。

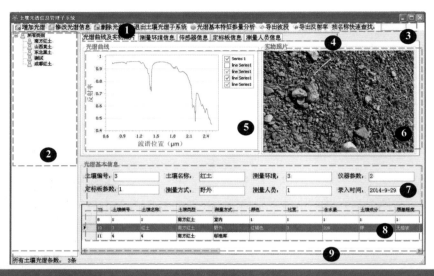

图 8-11　土壤光谱库管理子系统的构建

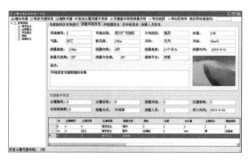

（a）测量环境信息

（b）传感器信息

（c）定标板信息

（d）测量人员信息

图 8-12　土壤光谱元数据信息同步更新显示

（3）波谱曲线及实物照片浏览。

点击土壤类别树状结构，实现按类别浏览光谱数据。在"按光谱名称快速查找"处，输入要查询的光谱名称，系统将实时模糊匹配出相应光谱数据及其元数据信息（图 8-13）。

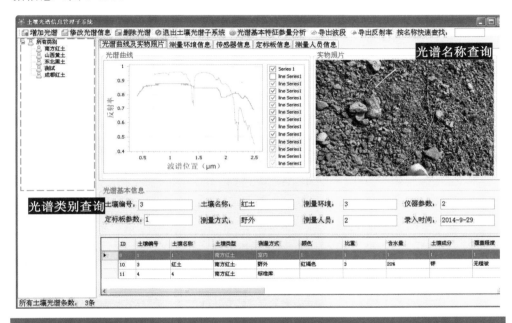

图 8-13　土壤光谱按类别和名称快速查询

（4）增加光谱。

点击菜单的"增加光谱"按钮，弹出"添加新土壤光谱信息"对话框，录入新的土壤光谱信息（图 8-14）。土壤类型、测量方式、测量环境、仪器参数、定标板参数和测量人员等信息，系统会从相应的表中自动读取，实现数据实时变动和灵活控制。

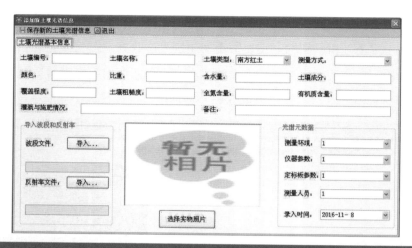

图 8-14　录入新的土壤光谱数据窗口

（5）修改光谱信息。

点击菜单的"修改光谱信息"按钮，弹出"修改光谱信息"对话框，可以修改现有的土壤光谱信息（图 8-15）。土壤类型、测量方式、测量环境、仪器参数、定标板参数和测量人员等信息系统将从相应的表中自动读取。

图 8-15　土壤修改光谱数据窗口

（6）光谱基本参量特征分析。

点击菜单的"光谱基本参量特征分析"按钮，或者在相应的光谱条目上点击右键，弹出光谱评价分析窗口（图 8-16）。系统能够针对指定范围的光谱波段进行光谱基本统计量的评价和光谱特征分析。基本统计量包括最小反射率及其所在波段、最大反射率及其所在波段、众数及其出现次数、中值、值域、均值、反差、方差、标准差、离散系数、均方根误差。

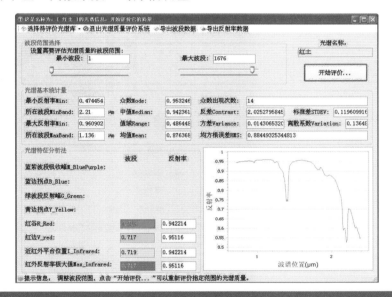

图 8-16　土壤光谱基本参量特征分析窗口

（7）导出波段和导出反射率数据。

点击菜单的"导出波段和导出反射率数据"按钮，系统将所选的土壤光谱数据导出，便于与其他软件进行交互处理和分析。

8.4.2　植被光谱库

（1）模块概述。

植被光谱库子系统可以实现植被光谱数据的综合管理（图 8-17）。功能包括：

①增加光谱、修改光谱信息、删除光谱、退出植被光谱子系统、光谱基本特征参量分析、导出波段、导出反射率；②光谱类别浏览；③按光谱名称快速查询；④波谱曲线及实物照片、测量环境信息、传感器信息、定标板信息、测量人员信息；⑤波谱曲线浏览；⑥实物照片浏览；⑦光谱基本信息查看；⑧所有库中光谱总览；⑨光谱数据统计。

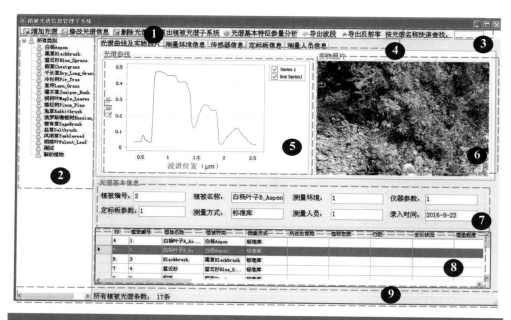

图 8-17　植被光谱库管理子系统的构建

（2）波谱曲线及实物照片浏览。

通过点选库中的光谱数据，可以实现波谱曲线和实物照片的同步显示。同时，该波谱曲线的测量环境信息、传感器信息、定标板信息和测量人员信息会同步更新显示（图 8-18）。

（a）测量环境信息

（b）传感器信息

（c）定标板信息

（d）测量人员信息

图 8-18　植被光谱元数据信息同步更新显示

（3）波谱曲线及实物照片浏览。

点击植被类别树状结构，实现按类别浏览光谱数据。在"按光谱名称快速查找"处，输入要查询的光谱名称，系统将实时模糊匹配出相应光谱数据及其元数据信息（图 8-19）。

（4）增加光谱。

点击菜单的"增加光谱"按钮，弹出"添加新植被光谱信息"对话框，可以录入新的植被光谱信息（图 8-20）。植被种类、测量方式、测量环境、仪器参数、定标板参数和测量人员等信息，系统会从相应的表中自动读取，实现数据实时变动和灵活控制。

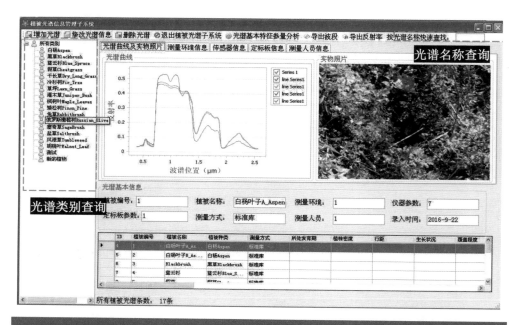

图 8-19　植被光谱按类别和名称快速查询

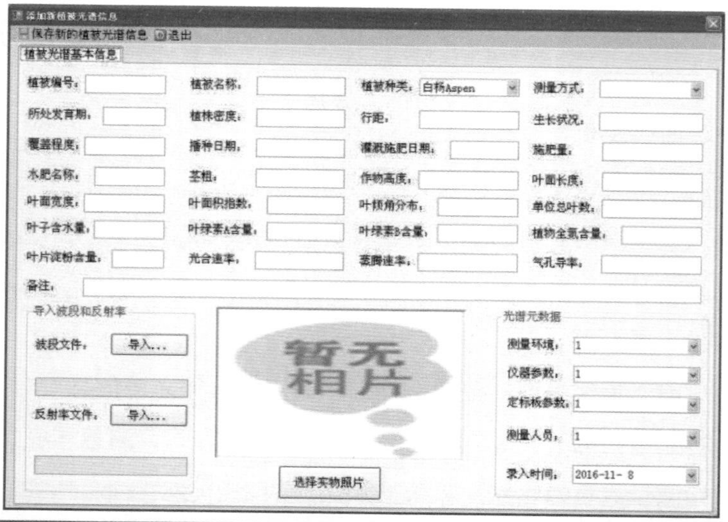

图 8-20　录入新的植被光谱数据窗口

（5）修改光谱信息。

点击菜单的"修改光谱信息"按钮，弹出"修改光谱信息"对话框，能够修改现有的植被光谱信息（图 8-21）。植被种类、测量方式、测量环境、仪器参数、定标板参数和测量人员等信息系统会从相应的表中自动读取。

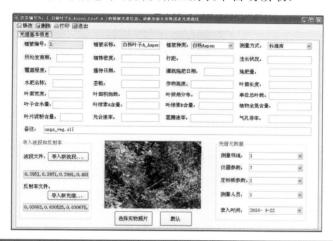

图 8-21　修改植被光谱数据窗口

（6）光谱基本参量特征分析。

点击菜单的"光谱基本参量特征分析"按钮，或者在相应的光谱条目上点击右键，弹出光谱评价分析窗口（图 8-22）。系统能够针对指定范围的光谱波段进行光谱基本统计量的评价和光谱特征分析。基本统计量包括最小反射率及其所在波段、最大反射率及其所在波段、众数及其出现次数、中值、值域、均值、反差、方差、标准差、离散系数、均方根误差。

（7）导出波段和导出反射率数据。

点击菜单的"导出波段和导出反射率数据"按钮，系统将所选的植被光谱数据导出，便于与其他软件进行交互处理和分析。

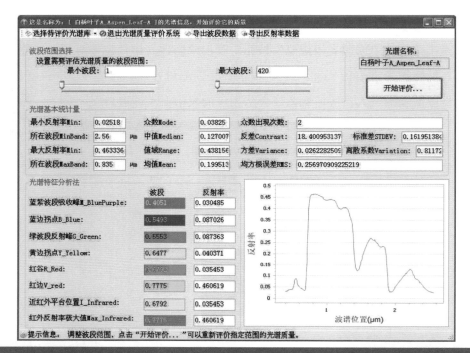

图 8-22　光谱基本参量特征分析窗口

8.4.3　水体光谱库

（1）模块概述。

水体光谱库子系统可以实现水体光谱数据的综合管理（图 8-23）。功能包括：①增加光谱、修改光谱信息、删除光谱、退出水体光谱子系统、光谱基本特征参量分析、导出波段、导出反射率；②光谱类别浏览；③按光谱名称快速查询；④波谱曲线及实物照片、测量环境信息、传感器信息、定标板信息、测量人员信息；⑤波谱曲线浏览；⑥实物照片浏览；⑦光谱基本信息查看；⑧所有库中光谱总览；⑨光谱数据统计。

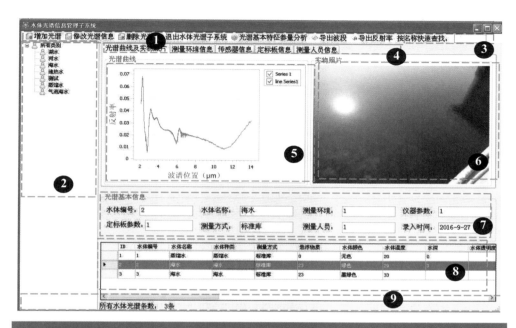

图 8-23　水体光谱库管理子系统的构建

（2）波谱曲线及实物照片浏览。

通过点选库中的光谱数据，实现波谱曲线和实物照片的同步显示。同时，该波谱曲线的测量环境信息、传感器信息、定标板信息和测量人员信息同步更新显示（图 8-24）。

（a）测量环境信息

（b）传感器信息

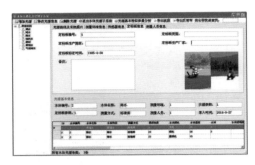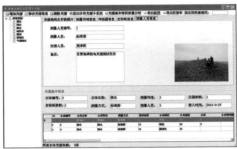

（c）定标板信息　　　　　　　　　　　（d）测量人员信息

图 8-24　水体光谱元数据信息同步更新显示

（3）波谱曲线及实物照片浏览。

点击水体类别树状结构，实现按类别浏览光谱数据。在"按光谱名称快速查找"处，输入要查询的光谱名称，系统将实时模糊匹配出相应光谱数据及其元数据信息（图 8-25）。

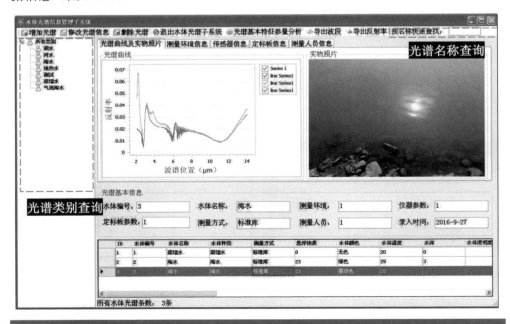

图 8-25　水体光谱按类别和名称的快速查询

（4）增加光谱。

点击菜单的"增加光谱"按钮，弹出"添加新水体光谱信息"对话框，能够录入新的水体光谱信息（图 8-26）。水体种类、测量方式、测量环境、仪器参数、定标板参数和测量人员等信息，系统会从相应的表中自动读取，实现数据实时变动和灵活控制。

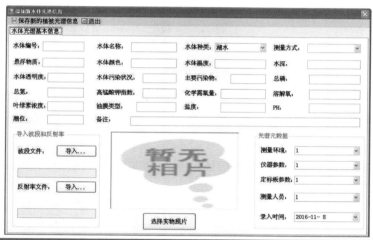

图 8-26　录入新的水体光谱数据窗口

（5）修改光谱信息。

点击菜单的"修改光谱信息"按钮，弹出"修改光谱信息"对话框，能够修改现有的水体光谱信息（图 8-27）。水体种类、测量方式、测量环境、仪器参数、定标板参数和测量人员等信息系统会从相应的表中自动读取。

（6）光谱基本参量特征分析。

点击菜单的"光谱基本参量特征分析"按钮，或者在相应的光谱条目上点击右键，弹出光谱评价分析窗口（图 8-28）。系统能够针对指定范围的光谱波段进行光谱基本统计量的评价和光谱特征分析。基本统计量包括最小反射率及其所在波段、最大反射率及其所在波段、众数及其出现次数、中值、值域、均值、反差、方差、标准差、离散系数、均方根误差。

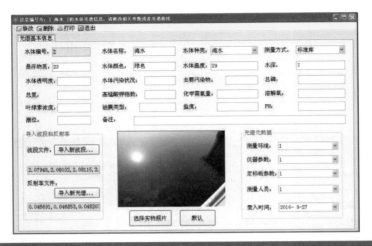

图 8-27　修改光谱数据窗口

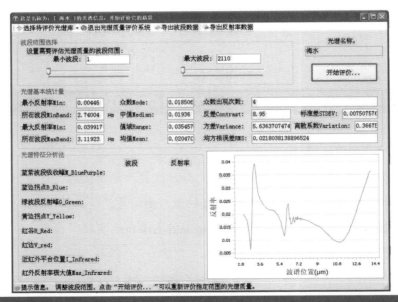

图 8-28　水体光谱基本参量特征分析窗口

（7）导出波段和导出反射率数据。

点击菜单的"导出波段和导出反射率数据"按钮，系统将所选的水体光谱数据导出，便于与其他软件进行交互处理和分析。

8.5　农林渔业光谱数据综合应用

8.5.1　土壤综合分析模块

　　用户通过选取土壤光谱库中的任意光谱数据，实现这条光谱数据的综合分析，计算其基于植被指数的遥感干旱监测、基于红外的遥感干旱监测、基于地表温度的遥感干旱监测、基于植被指数和温度的遥感干旱监测、基于植被与土壤的遥感监测、土壤盐渍化波段及其反射率、土壤黏土矿物含量吸收峰等光谱值，并能够将结果值进行 ASCII 码格式的输出（图 8-29）。计算结果对于土壤特征提取、土壤成分分析和土壤定量化遥感具有显著的应用价值。

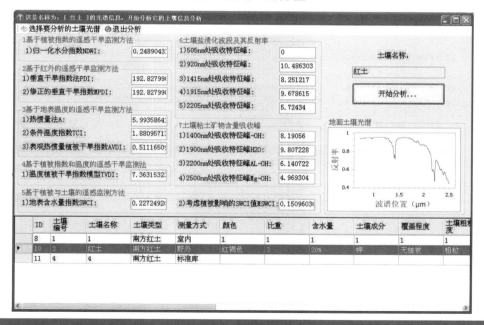

图 8-29　土壤综合分析模块

8.5.2　植被综合分析模块

　　用户通过选取植被光谱库中的任意光谱数据，实现这条光谱数据的综合分析，计算其宽带绿度、窄带绿度、光利用率、冠层氮、干旱或碳衰减、叶色素、冠层水分含量等光谱值，并能够将结果值进行 ASCII 码格式的输出（图 8-30）。计算结果对于植被特征提取、植被成分分析和植被定量化遥感具有显著的应用价值。

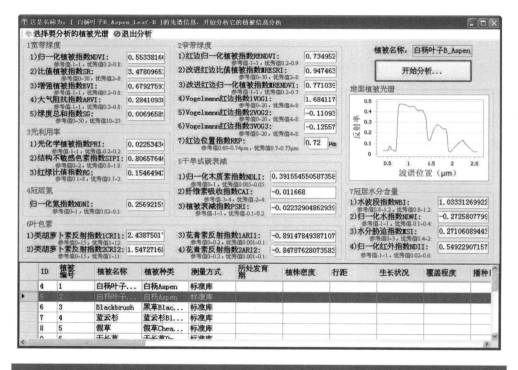

图 8-30　植被综合分析模块

8.5.3　水体综合分析模块

　　用户通过选取水体光谱库中的任意光谱数据，实现这条光谱数据的综合分析，计算水系特征识别模型、藻浓度含量识别模型、悬浮颗粒浓度识别模型、有机污染级别判定模型等值，并能够将结果值进行 ASCII 码格式的输出（图 8-31）。计算结果对于水体特征提取、水体成分分析和水体定量化遥感具有显著的应用价值。

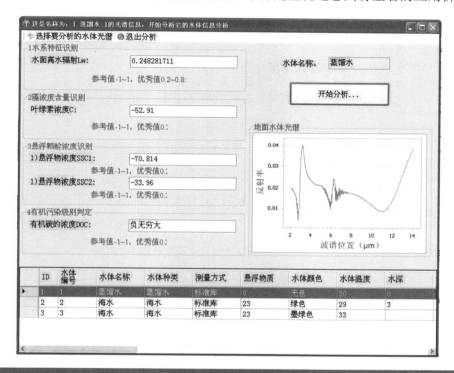

图 8-31　水体综合分析模块

参考文献

[1] 张东辉. 黑土养分信息提取的高光谱遥感方法研究[D]. 北京：核工业北京地质研究院，2018.

[2] 薛利红，周鼎号，李颖，等. 不同利用方式下土壤有机质和全磷的可见近红外高光谱反演[J]. 土壤学报，2014，51（5）：993-1001.

[3] 刘洋，丁潇，刘焕军，等. 黑土土壤水分反射光谱特征定量分析与预测[J]. 土壤学报，2014，51（5）：1021-1026.

[4] 刘焕军，张柏，赵军，等. 黑土有机质含量高光谱模型研究[J]. 土壤学报，2007，44（1）：27-32.

[5] 杨越超，赵英俊，秦凯，等. 黑土养分含量的航空高光谱遥感预测[J]. 农业工程学报，2019，35（20）：94-101.

[6] 张东辉，赵英俊，赵宁博，等. 一种间接从高光谱遥感数据中提取黑土硒含量的新方法[J]. 光谱学与光谱分析，2019，39（7）：2237-2243.

[7] 张东辉，赵英俊，秦凯. 典型目标地面光谱信息系统设计与实现[J]. 国土资源遥感，2018，30（4）：206-211.

[8] 张东辉，赵英俊，秦凯，等. 光谱变换方法对黑土养分含量高光谱遥感反演精度的影响[J]. 农业工程学报，2018，34（20）：141-147.

[9] 张东辉，赵英俊，陆冬华，等. 高光谱传感器 CASI 与 SASI 支持下的水体精准提取[J]. 传感器与微系统，2016，35（5）：25-27，31.

[10] 张东辉，赵英俊，赵宁博，等. 高光谱遥感数据 CASI 信息提取的空间尺度效应[J]. 湖南科技大学学报（自然科学版），2015，30（3）：20-25.

[11] 李萍，赵庚星，高明秀，等. 黄河三角洲土壤含水量状况的高光谱估测与遥感反演[J]. 土

壤学报，2015，52（6）：1262-1271.

[12] 刘伟东，Frederic Baret，张兵，等. 高光谱遥感土壤湿度信息提取研究[J]. 土壤学报，2004，41（5）：700-706.

[13] 赵宁博，赵英俊，秦凯，等. 基于航空高光谱的黑土地硒含量反演研究[J]. 光谱学与光谱分析，2018，38（S1）：329-330.

[14] 张东辉，赵英俊，秦凯. 一种新的光谱参量预测黑土养分含量模型[J]. 光谱学与光谱分析，2018，38（9）：2932-2936.

[15] 张东辉，赵英俊，陆冬华，等. 高光谱在土壤重金属信息提取中的应用与实现[J]. 土壤通报，2018，49（1）：31-37.

[16] 张东辉，赵英俊，秦凯，等. 高光谱土壤多元信息提取模型综述[J]. 中国土壤与肥料，2018（2）：22-28.

[17] 方少文，杨梅花，赵小敏，等. 红壤区土壤有机质光谱特征与定量估算——以江西省吉安县为例[J]. 土壤学报，2014，51（5）：1003-1010.

[18] 代希君，彭杰，张艳丽，等. 基于光谱分类的土壤盐分含量预测[J]. 土壤学报，2016，53（4）：909-917.

[19] 刘沛，周卫军，李娟，等. 溧阳平原古水稻土有机质红外光谱特征[J]. 土壤学报，2016，53（4）：901-908.

[20] 李硕，汪善勤，史舟. 基于成像光谱技术预测氮素在土壤剖面中的垂直分布[J]. 土壤学报，2015，52（5）：1014-1022.

[21] 徐永明，蔺启忠，王璐，等. 基于高分辨率反射光谱的土壤营养元素估算模型[J]. 土壤学报，2006，43（5）：709-716.

[22] 沈掌泉，叶领宾，单英杰. 应用田间行走式红外光谱进行土壤碳含量估测研究[J]. 土壤学报，2014，51（5）：1011-1020.

[23] 马驰. 基于Landsat 8吉林中北部地区土壤有机质定量反演研究[J]. 干旱区资源与环境，2017，31（2）：167-172.

[24] 程彬. 松辽平原黑土有机质及相关元素遥感定量反演研究[D]. 长春：吉林大学，2007.

[25] 李相，丁建丽，黄帅，等. 实测高光谱和 HSI 影像的区域土壤含水量遥感监测研究[J]. 土壤，2016，48（5）：1032-1041.

[26] 刘华，张利权. 崇明东滩盐沼土壤重金属含量的高光谱估算模型[J]. 生态学报，2007，27（8）：3427-3434.

[27] 朱忠鹏，熊黑钢，张芳. 基于 Quickbird 影像的碱化土壤 pH 值定量监测研究[J]. 干旱区研究，2016，33（3）：493-498.

[28] 李海英. 土壤属性的高光谱遥感方法研究[D]. 兰州：中国科学院寒区旱区环境与工程研究所，2007.

[29] 卞小林，邵芸，张凤丽，等. 典型地物微波特性知识库的设计与实现[J]. 国土资源遥感，2015，27（4）：189-194.

[30] 张妍，薄立群，路兴昌. 长春净月潭地物光谱数据库的研究与开发[J]. 遥感信息，2002，27（3）：25-30.

[31] 田振坤，刘素红，傅莺莺. 我国典型地物标准光谱数据库数据管理子系统设计与开发[J]. 计算机工程与应用，2005，27（3）：210-213.

[32] 万余庆，张凤丽，闫永忠. 矿物岩石高光谱数据库分析[J]. 地球信息科学，2001，3：54-59.

[33] 李新双. 光谱数据库的设计及光谱匹配技术研究[D]. 武汉：武汉大学，2005.

[34] 田庆久，王世新，王乐意，等. 典型地物标准光谱数据库系统设计[J]. 遥感技术与应用，2003，18（4）：185-190.

[35] 范俊甫. 兖州矿区典型地物光谱数据库建设与应用研究[D]. 泰安：山东科技大学，2011.

[36] 李少鹏. 新疆典型荒漠植物光谱数据库系统设计与实现[D]. 乌鲁木齐：新疆农业大学，2013.

[37] 史舟. 土壤地面高光谱遥感原理与方法[M]. 北京：科学出版社，2014.

[38] 何挺，王静，林宗坚，等. 土壤有机质光谱特征研究[J]. 武汉大学学报（信息科学版），2006，31（11）：975-979.

[39] 刁万英，刘刚，胡克林. 基于高光谱特征与人工神经网络模型对土壤含水量估算[J]. 光谱

学与光谱分析，2017，37（3）：841-846.

[40] 孙建英，李民赞，唐宁，等. 东北黑土的光谱特性及其与土壤参数的相关性分析[J]. 光谱学与光谱分析，2007，27（8）：1502-1505.

[41] 张海威，张飞，李哲，等. 艾比湖流域盐渍土含水量光谱特征分析与建模[J]. 中国水土保持科学，2017，15（1）：8-14.

[42] 吕杰，郝宁燕，史晓亮. 基于流形学习的土壤高光谱遥感数据特征提取研究[J]. 干旱区资源与环境，2015，29（7）：176-180.

[43] 文虎，盛建东，颜安，等. 绿洲农田盐碱斑土壤光谱特征分析与建模[J]. 新疆农业大学学报，2016，39（2）：143-148.

[44] 关红，贾科利，张至楠. 采用高光谱指数的龟裂碱土盐碱化信息提取与分析[J]. 红外与激光工程，2014，43（12）：4153-4158.

[45] 王飞，丁建丽. 基于土壤植被光谱协同分析的土壤盐度推理模型构建研究[J]. 光谱学与光谱分析，2016，36（6）：1848-1853.

[46] 段鹏程，熊黑钢，李荣荣，等. 不同干扰程度的盐渍土与其光谱反射特征定量分析[J]. 光谱学与光谱分析，2017，37（2）：571-576.

[47] 程先锋，宋婷婷，陈玉，等. 滇西兰坪铅锌矿区土壤重金属含量的高光谱反演分析[J]. 岩石矿物学杂志，2017，36（1）：60-69.

[48] 何挺，王静，程烨，等. 土壤氧化铁光谱特征研究[J]. 地理与地理信息科学，2006，22（2）：30-34.

[49] 陈松超，冯来磊，李硕，等. 基于局部加权回归的土壤全氮含量可见-近红外光谱反演[J]. 土壤学报，2015，52（2）：312-319.

[50] 曹文涛，康日斐，王集宁，等. 基于高光谱遥感的土壤氯化钠含量监测[J]. 江苏农业学报，2016，32（4）：817-823.

[51] 夏学齐，季峻峰，陈骏，等. 土壤理化参数的反射光谱分析[J]. 地学前缘，2009，16（4）：354-352.

[52] 赵英俊，秦凯，赵宁博，等. 建三江地区黑土地航空高光谱遥感调查成果报告[C]. 2017.

[53] 彼得·弗拉特. 机器学习[M]. 段菲，译. 北京：人民邮电出版社，2016.

[54] 张兵. 高光谱图像处理与信息提取前沿[J]. 遥感学报，2016，20（5）：1062-1090.

[55] 丘祐玮. 机器学习与 R 语言实战[M]. 北京：机械工业出版社，2016.

[56] 王晓华. Spark Mllib 机器学习实践[M]. 北京：清华大学出版社，2015.

[57] 陈松超，冯来磊，李硕，等. 基于局部加权回归的土壤全氮含量可见-近红外光谱反演[J]. 土壤学报，2015，52（2）：312-319.

[58] 晓鹏峰，冯学智，王培法，等. 高分辨率遥感图像分割与信息提取[M]. 北京：科学出版社，2012.

[59] 杨雪峰. 遥感图象频域和空域超分辨重建技术研究[D]. 哈尔滨：哈尔滨工业大学，2011.

[60] 马驰. 遥感成像系统空域与频域信息传递性能研究[D]. 哈尔滨：哈尔滨工业大学，2015.

[61] 谭政，相里斌，吕群波，等. 一种基于频域的序列图像超分辨率增强方法[J]. 光学学报，2017，37（7）：83-88.

[62] 周立国，冯学智，肖鹏峰，等. 一种频域高分辨率遥感图像线状特征检测方法[J]. 测绘学报，2011，40（3）：312-317.

[63] 王珂，肖鹏峰，冯学智，等. 基于频域滤波的高分辨率遥感图像城市河道信息提取[J]. 遥感学报，2013（2）：277-285.

[64] Mohamed Abou Niang, Michel Nolin, Monique Bernier, et al. Digital mapping of soil drainage classes using multitemporal RADARSAT-1 and ASTER images and soil survey data[J]. Applied and Environmental Soil Science，2012，2012（430347）：1-17.

[65] Daniel Žížala, Tereza Zádorová, Jiří Kapička. Assessment of soil degradation by erosion based on analysis of soil properties using aerial hyperspectral images and ancillary data[J]. Czech Republic. Remote Sens，2017，9（1）：28-40.

[66] Andreas Steinberg, Sabine Chabrillat, Antoine Stevens, et al. Prediction of common surface soil properties based on VIS-NIR airborne and simulated EnMAP imaging spectroscopy data: prediction accuracy and influence of spatial resolution[J]. Remote Sens，2016，8（7）：613-627.

[67] Sarah Malec, Derek Rogge, Uta Heiden, et al. Capability of spaceborne hyperspectral EnMAP

mission for mapping fractional cover for soil erosion modeling[J]. Remote Sens，2015，7（9）：11776-11800.

[68] Andreas Eisele，Ian Lau，Robert Hewson，et al. Applicability of the thermal infrared spectral region for the prediction of soil properties across semi-arid agricultural landscapes[J]. Remote sens，2012，4（11）：3265-3286.

[69] Zhang P，Li Y. Study on the comparisons of the establishment of two mathematical modeling methods for soil organic matter content based on spectral reflectance[J]. Spectroscopy and Spectral Analysis，2016，36（3）：903-910.

[70] Yu L，Liu X B，Liu G Z，et al. Experiment research and analysis of spectral prediction on soil leaking oil content（In Chinese）[J]. Spectroscopy and Spectral Analysis，2016，36（4）：1116-1120.

[71] Zhao HH，Feng XZ，Xiao PF. Contour extraction of green cover along urban roads from remote sensing imagery based on frequency domain features[J]. Remote Sensing Information，2014，29（3）：50-56.